石油企业岗位练兵手册

钻井液工

大庆油田有限责任公司 编

石油工业出版社

图书在版编目（CIP）数据

钻井液工/大庆油田有限责任公司编.
北京：石油工业出版社，2013.9
　（石油企业岗位练兵手册）
　ISBN 978-7-5021-9779-7

Ⅰ.钻…

Ⅱ.大…

Ⅲ.钻井液-技术手册

Ⅳ.TE254-62

中国版本图书馆CIP数据核字（2013）第218056号

出版发行：石油工业出版社
　　　　　（北京安定门外安华里2区1号　100011）
　　　网　址：http://pip.cnpc.com.cn
　　　编辑部：(010)64523580　发行部：(010)64523620
经　销：全国新华书店
印　刷：北京中石油彩色印刷有限责任公司

2013年9月第1版　2014年9月第2次印刷
787×1092毫米　开本：1/32　印张：2.5
字数：58千字

定价：10.00元
（如出现印装质量问题，我社发行部负责调换）
版权所有，翻印必究

《石油企业岗位练兵手册》编委会

主　　　任：王建新
副 主 任：赵玉昆
委　　　员：宋 俭　董洪亮　吴景刚　全海涛
　　　　　　戴 莹　王 旭

本书编审组

主　　　编：牟一波
副 主 任：林广庆　王红燕　曹 剑　赵秀杰
编审组成员：赵振海　侯砚琢　金银华　李庆荣
　　　　　　李国彬　李 博

前　言

岗位练兵是大庆油田的优良传统,是强化基本功训练、提升员工素质的重要手段。新时期、新形势下,按照全面加强三基工作的有关要求,为进一步强化和规范经常性岗位练兵活动,切实提高基层员工队伍的基本素质,按照"实际、实用、实效"的原则,大庆油田有限责任公司人事部组织编写了《石油企业岗位练兵手册》丛书。围绕提升政治素养和业务技能的要求,本套丛书架构分为基本素养、基础知识、基本技能三部分。基本素养包括企业文化(大庆精神、铁人精神、优良传统)和职业道德等内容,基础知识包括与工种岗位密切相关的专业知识和 HSE 知识等内容,基本技能包括操作技能和常见故障判断处理等内容。本套丛书的编写,严格依据最新行业规范和技术标准,同时充分结合目前专业知识更新、生产设备调整、操作工艺优化等实际情况,具有突出的实用性和规范性的特点,既能作为基层开展岗位练兵、提高业务技能的实用教材,也可以作为员工岗位自学、单位开展技能竞赛的参考资料。

希望本套丛书的出版能够为各石油企业有所借鉴,为持续、深入地抓好基层全员培训工作,不断提升员工队伍整体素质,为实现石油企业科学发展提供人力资源保障。同时,也希望广大读者对本套丛书的修改完善提出宝贵意见,以便今后修订时能更好地规范和丰富其内容,为基层扎实有效地开展岗位练兵活动提供有力支撑。

编　者

2013年3月

目 录

第一部分 基本素养

一、企业文化 … 1

（一）名词解释 … 1
1. 大庆精神 … 1
2. 铁人精神 … 1
3. 艰苦奋斗的六个传家宝 … 1
4. 三老四严 … 2
5. 四个一样 … 2
6. 思想政治工作"两手抓" … 2
7. 岗位责任制 … 2
8. 三基工作 … 2
9. 四懂三会 … 2
10. 五条要求 … 2
11. 新时期铁人 … 2
12. 大庆新铁人 … 2

（二）问答 … 2
1. 简述大庆油田名称的由来。 … 2
2. 中共中央何时批准大庆石油会战？ … 3
3. 什么是"两论"起家？ … 3

4. 什么是"两分法"前进? ………………………………… 3
5. 简述会战时期"五面红旗"及其具体事迹。 ………… 3
6. 大庆投产的第一口油井和试注成功的第一口水井各是什么? ……………………………………………………… 4
7. 会战时期讲的"三股气"是指什么? ………………… 4
8. 什么是"九热一冷"工作法? ………………………… 4
9. 什么是"三一"、"四到"、"五报"交接法? ……… 4
10. 大庆油田原油年产5000万吨以上持续稳产的时间是哪年? ……………………………………………………… 5
11. 中国石油天然气集团公司核心经营管理理念是什么?
 ……………………………………………………………… 5
12. 中国石油天然气集团公司企业精神是什么? ……… 5
13. 新时期新阶段三基工作的基本内涵是什么? ……… 5
14. "十二五"时期,中国石油天然气集团公司全面推进三基工作新的重大工程的总体思路是什么? ………… 6
15. 中国石油天然气集团公司全面推进三基工作新的重大工程的主要目标是什么? …………………………… 6

二、职业道德 ……………………………………………… 6

(一) 名词解释 ………………………………………… 6

1. 道德 …………………………………………………… 6
2. 职业道德 ……………………………………………… 6
3. 爱岗敬业 ……………………………………………… 6
4. 诚实守信 ……………………………………………… 6
5. 劳动纪律 ……………………………………………… 7

(二) 问答 ……………………………………………… 7

1. 社会主义精神文明建设的根本任务是什么? ……… 7
2. 我国社会主义思想道德建设的基本要求是什么? … 7

3. 为什么要遵守职业道德? ·················· 7
4. 爱岗敬业的基本要求是什么? ·············· 7
5. 诚实守信的基本要求是什么? ·············· 8
6. 职业纪律的重要性是什么? ················ 8
7. 合作的重要性是什么? ···················· 8
8. 奉献的重要性是什么? ···················· 8
9. 奉献的基本要求是什么? ·················· 8
10. 企业员工应具备的职业素养是什么? ········ 8
11. 培养"四有"职工队伍的主要内容是什么? ···· 8
12. 如何做到团结互助? ······················ 8
13. 职业道德行为养成的途径和方法是什么? ···· 9
14. 中国石油天然气集团公司员工职业道德规范具体内容是什么? ································· 9
15. 对违纪员工的处理原则是什么? ············ 9
16. 对员工的奖励包括哪几种? ················ 9
17. 对员工的行政处分包括哪几种? ············ 10
18. 《中国石油天然气集团公司反违章禁令》有哪些规定? ··································· 10

第二部分 基础知识

一、专业知识 ································ 11

(一) 名词解释 ································ 11
1. 复分解反应 ······························ 11
2. 烃类化合物 ······························ 11
3. 醇和酚 ·································· 11
4. 分散钻井液 ······························ 11
5. 饱和盐水钻井液 ·························· 11

6. 聚合物钻井液 …………………………………… 12
7. 钾基聚合物钻井液 ……………………………… 12
8. 油基钻井液 ……………………………………… 12
9. 合成基钻井液 …………………………………… 12
10. 钻井液密度 ……………………………………… 12
11. 塑性黏度 ………………………………………… 12
12. 表观黏度 ………………………………………… 12
13. 钻井液切力 ……………………………………… 12
14. 滤失 ……………………………………………… 12
15. 静滤失 …………………………………………… 13
16. 动滤失 …………………………………………… 13
17. 瞬时滤失 ………………………………………… 13
18. 滤失量 …………………………………………… 13
19. 高温高压滤失 …………………………………… 13
20. 滤饼 ……………………………………………… 13
21. 滤饼的摩擦系数 ………………………………… 13
22. 钻井液含砂量 …………………………………… 13
23. 钻井液酸碱值（pH）值 ………………………… 14
24. 钻井液中的固相含量 …………………………… 14
25. 总矿化度 ………………………………………… 14
26. 聚合反应 ………………………………………… 14
27. 加聚反应 ………………………………………… 14
28. 缩聚反应 ………………………………………… 14
29. 分散体系 ………………………………………… 14
30. 分散质及分散剂 ………………………………… 14
31. 分散度 …………………………………………… 14
32. 比表面 …………………………………………… 14

33. 溶胶 ·· 14
34. 电泳 ·· 14
35. 电渗 ·· 15
36. 流动电位 ·· 15
37. 乳状液 ··· 15
38. 沉降稳定性 ······································· 15
39. 聚结稳定性 ······································· 15
40. 动切力 ··· 15
41. 触变性 ··· 15
42. 表面活性剂 ······································· 15
43. 表面活性剂的胶束 ···························· 15
44. 表面活性剂的 HLB 值 ······················ 15
45. 聚合物钻井液 ··································· 15
46. 胶体溶液 ·· 15
47. 溶解度 ··· 16
48. 砂侵 ·· 16
49. 油、气侵 ·· 16
50. 造浆率 ··· 16
51. 表面张力 ·· 16
52. 正电胶钻井液体系 ···························· 16
53. 有用固相 ·· 16
54. 有害固相 ·· 16
55. 桥联作用 ·· 16
56. 包被作用 ·· 16
57. 增黏作用 ·· 16
58. 絮凝作用 ·· 17
59. 阳离子聚合物钻井液 ························ 17

60. 两性离子聚合物钻井液 …………………………… 17
61. 充气钻井液 …………………………………………… 17
62. 全油基钻井液 ………………………………………… 17
63. 油包水乳化钻井液 …………………………………… 17
64. 沉砂卡钻 ……………………………………………… 17
65. 井塌卡钻 ……………………………………………… 17
66. 砂桥卡钻 ……………………………………………… 17
67. 掉块卡钻 ……………………………………………… 18
68. 钻头泥包卡钻 ………………………………………… 18
69. 滴定分析法 …………………………………………… 18
70. "屏蔽"式"暂堵"技术 ……………………………… 18
71. MMH 正电溶胶 ……………………………………… 18
72. 油气层的损害 ………………………………………… 18
73. 盐敏评价实验 ………………………………………… 18
74. 碱敏评价实验 ………………………………………… 18
75. 酸敏评价实验 ………………………………………… 19
76. 水敏性损害 …………………………………………… 19
77. 碱敏性损害 …………………………………………… 19
78. 酸敏性损害 …………………………………………… 19
79. 压缩性 ………………………………………………… 19
80. 膨胀性 ………………………………………………… 19
81. 钻井液班报表 ………………………………………… 19
82. 钻井液液柱压力 ……………………………………… 19
83. 钻井液（钻井流体）………………………………… 19
（二）问答 ………………………………………………… 19
1. 钻井液的组成有哪几部分？ ………………………… 19
2. 钻井液的作用是什么？ ……………………………… 19

3. 钻井液体系经历了哪五个发展阶段? …… 20
4. 影响钻井液黏度的基本因素是什么? …… 20
5. 钠膨润土的用途是什么? …… 20
6. 有机处理剂的主要作用有哪些? …… 20
7. 要保持钻井液低固相必须解决哪些问题? …… 21
8. 不分散聚合物钻井液体系的适用范围有哪些? …… 21
9. 不分散聚合物钻井液体系的主要特点是什么? …… 21
10. 钾基钻井液的主要特点是什么? …… 21
11. KCl 的主要用途有哪些? …… 22
12. 饱和盐水钻井液体系的特点是什么? …… 22
13. 饱和盐水钻井液体系的适用范围有哪些? …… 22
14. 分散钻井液体系的特点是什么? …… 22
15. 分散钻井液体系的应用范围有哪些? …… 22
16. 钙处理钻井液体系的特点是什么? …… 23
17. 钙处理钻井液体系的应用范围有哪些? …… 23
18. 盐水钻井液体系的特点是什么? …… 23
19. 使用盐水钻井液体系对其有何要求? …… 23
20. 如何衡量钻井液的流变特征? …… 23
21. 钻井液的四种基本流型是什么? …… 23
22. 如何调节油包水乳化钻井液的性能? …… 24
23. 油包水钻井液的主要特点是什么? …… 24
24. 油包水乳化钻井液的组成有几部分? …… 24
25. 油基钻井液体系的主要特点是什么? …… 24
26. 油基钻井液体系的适应范围有哪些? …… 25
27. 为保护各类油气藏,可采用哪几种水基钻井液完井液? …… 25
28. 油基钻井液体系分为几种? …… 25

· 7 ·

29. 油基钻井液的缺点是什么？ …………………………… 25
30. 油基钻井液的用途是什么？ …………………………… 25
31. 油基钻井液的组成有几部分？ ………………………… 26
32. 石灰粉在油基钻井液中的作用是什么？ ……………… 26
33. 泡沫钻井液的分类是什么？ …………………………… 26
34. 泡沫钻井液的作用及特点是什么？ …………………… 26
35. 泡沫钻井液的性能包括哪些内容？ …………………… 27
36. 影响泡沫滤失性能的因素有哪些？ …………………… 27
37. 对充气钻井液的性能有哪些要求？ …………………… 27
38. 气体钻井流体的主要特点是什么？ …………………… 27
39. 气体钻井流体的使用范围有哪些？ …………………… 28
40. 渗透性漏失的处理方法有几种？ ……………………… 28
41. 井漏的原因是什么？ …………………………………… 28
42. 井漏发生后有哪些现象？ ……………………………… 28
43. 如何预防井塌？ ………………………………………… 29
44. 井塌的处理方法有几种？ ……………………………… 29
45. 影响泥页岩水化的主要因素有哪些？ ………………… 29
46. 泥包卡钻的现象是什么？ ……………………………… 29
47. 沉砂卡钻的现象是什么？ ……………………………… 29
48. 泥包卡钻的处理方法是什么？ ………………………… 29
49. 粘附卡钻的处理方法是什么？ ………………………… 29
50. 造成粘附卡钻的原因有哪些？ ………………………… 30
51. 易粘卡地层对钻井液的要求有哪些？ ………………… 30
52. 定向井钻井液应具备的特点是什么？ ………………… 30
53. 高难度定向井施工中钻井液需解决几个问题？ … 30
54. 定向井钻井液解决携岩洗井应采取的哪些措施？ … 30
55. 超深井石膏、氯化钙钻井液体系的特点是什么？ …… 31

56. 超深井油包水乳化钻井液体系的特点是什么？ … 31
57. 用聚丙烯酰胺 PAM 聚合物配制的无黏土相钻井液有哪几种类型？ … 31
58. 以无机物或碱剂为基础的水基无黏土相钻井液主要有哪几种？ … 31
59. 不分散低固相钻井液的优点有哪些？ … 31
60. 有机处理剂的主要作用是什么？ … 32
61. 深井钻井液处理剂应具备的特点是什么？ … 32
62. MMH 钻井液最主要的特性是什么？ … 32
63. 清除固体有四种方法是什么？ … 32
64. 黏度计的注浆量是多少？流满量杯是多少毫升？用清水较正时是多少秒？ … 33
65. 深井钻井液应具备的条件是什么？ … 33
66. 对于水敏性储层的特点及应选择怎样的钻井液体系？ … 33
67. 对酸敏性储层应选择怎样的钻井液体系？ … 33
68. 打开油气层对钻井液的要求是什么？ … 33
69. 外界流体进入油气层引起的损害是什么？ … 34
70. 钻井过程中保护油层的一般做法是什么？ … 34
71. 减少膨润土对油气层的损害有哪些预防措施？ … 34
72. 减少滤液对油气层的损害应采取哪些预防措施？ … 34
73. 在钻开油气层的过程中，可能发生哪几种形式的堵塞？ … 35
74. 保护储层钻井液处理剂的主要特征是什么？ … 35
75. 钻井液密度太高对钻井施工有什么影响？ … 35
76. 钻井液含砂量太大对钻井施工有什么影响？ … 35
77. 如果钻井液密度偏高，如何降低钻井液密度，哪种办法较好？ ··· 36
  78. 钻井液的性能主要有哪几种？ ······························· 36
  79. 常用的钻井液净化设备有哪些？ ····························· 36
  80. 存放钻井液药品要注意哪"五防"？ ·························· 36
  81. 钻井液材料按用途分为哪几类？ ····························· 36

二、HSE 知识 ·· 37

（一）名词解释 ··· 37
  1. 触电 ·· 37
  2. 静电 ·· 37
  3. 静电事故 ··· 37
  4. 跨步电压触电 ·· 37
  5. 保护接零 ··· 37
  6. 保护接地 ··· 37
  7. 闪燃 ·· 37
  8. 自燃 ·· 37
  9. 着火 ·· 37
  10. 爆燃 ·· 37
  11. 火灾 ·· 38
  12. 冷却法 ·· 38
  13. 窒息法 ·· 38
  14. 隔离法 ·· 38
  15. 高空作业 ··· 38
  16. 危险化学品 ··· 38
  17. 噪声 ·· 38
  18. 固体废物 ··· 38
  19. 锁定 ·· 38
  20. 清洁生产 ··· 38

（二）问答 …… 39
1. 为什么静电能将可燃物引燃？ …… 39
2. 怎样预防静电事故的发生？ …… 39
3. 人体发生触电的原因是什么？ …… 39
4. 如何使触电者脱离电源？ …… 39
5. 预防触电事故的措施有哪些？ …… 39
6. 触电急救有哪些原则？ …… 40
7. 触电急救要点是什么？ …… 40
8. 安全用电注意事项有哪些？ …… 40
9. 燃烧分为哪几类？ …… 41
10. 燃烧必须具备哪几个条件？ …… 41
11. 油气站库常用的消防器材有哪些？ …… 41
12. 目前油田常用的灭火器有哪些？ …… 41
13. 手提式干粉灭火器如何使用？适用哪些火灾的扑救？
…… 41
14. 使用干粉灭火器的注意事项有哪些？ …… 42
15. 如何报火警？ …… 42
16. 发生火灾时应采取哪些措施？ …… 42
17. 化验室发生火灾的应急措施有哪些？ …… 42
18. 油、气、电着火应如何处理？ …… 43
19. 为什么要使用防爆电气设备？ …… 43
20. 哪些场所应使用防爆电气设备？ …… 43
21. 防爆有哪些措施？ …… 44
22. 哪些伤害必须就地抢救？ …… 44
23. 外伤急救步骤是什么？ …… 44
24. 有害气体中毒急救措施有哪些？ …… 44
25. 烧烫伤急救要点是什么？ …… 44

26. 如何判定触电伤员呼吸、心跳？ ………… 45
27. 如何进行口对口（鼻）人工呼吸？ ………… 45
28. 如何对伤员进行胸外按压？ ………… 46
29. 心肺复苏法操作频率有什么规定？ ………… 46
30. 处理卡钻时为什么不能用土坑将原油与钻井液混合？
………… 46
31. 流血不止怎么办？ ………… 46
32. 消防演习都有哪些程序？ ………… 47
33. 硫化氢对人体危害的生理过程是怎样的？ ………… 48
34. 一般化学品烧伤的处理方法？ ………… 48
35. 钻井生产会产生哪些噪声？ ………… 48
36. 钻井产生的固体废物主要有哪些？ ………… 48
37. 废钻井液回收利用的方法有哪些？ ………… 48
38. 心肺复苏有效的特征是什么？ ………… 49

第三部分　基本技能

1. 测量钻井液密度的操作 ………… 50
2. 测定钻井液漏斗黏度的操作 ………… 51
3. 测定钻井液滤失量操作 ………… 52
4. 测定钻井液含砂量操作 ………… 53
5. 测定电阻率的操作 ………… 54
6. 测定钻井液固相含量的操作 ………… 55
7. 操作六速旋转黏度计 ………… 56
8. 测定黏滞系数的操作 ………… 58
9. 测定钻井液中膨润土含量操作 ………… 59
10. 测定钻井液高温高压（HT/HP）滤失量操作 …… 60

第一部分 基本素养

一、企业文化

(一) 名词解释

1. 大庆精神：为国争光、为民族争气的爱国主义精神；独立自主、自力更生的艰苦创业精神；讲究科学、"三老四严"的求实精神；胸怀全局、为国分忧的奉献精神。

2. 铁人精神："为国分忧、为民族争气"的爱国主义精神；为"早日把中国石油落后的帽子甩到太平洋里去"，"宁肯少活20年，拼命也要拿下大油田"的忘我拼搏精神；为干革命"有条件要上，没有条件创造条件也要上"的艰苦奋斗精神；"要为油田负责一辈子"，"干工作要经得起子孙后代检查"，对技术精益求精，为革命"练一身硬功夫、真本事"的科学求实精神；"甘愿为党和人民当一辈子老黄牛"，不计名利，不计报酬，埋头苦干的奉献精神。

3. 艰苦奋斗的六个传家宝："人拉肩扛"精神，"干打垒"精神，"五把铁锹闹革命"精神，"缝补厂"精神，"回收队"精神，"修旧利废"精神。

4. 三老四严：对待革命事业，要当老实人，说老实话，办老实事；对待工作，要有严格的要求，严密的组织，严肃的态度，严明的纪律。

5. 四个一样：黑天和白天一个样，坏天气和好天气一个样，领导不在场和领导在场一个样，没有人检查和有人检查一个样。

6. 思想政治工作"两手抓"：抓生产从思想入手，抓思想从生产出发。这是大庆正确处理思想政治工作与经济工作关系的基本原则，也是大庆思想政治工作的一条基本经验。

7. 岗位责任制：岗位专责制、交接班制、巡回检查制、设备维修保养制、质量负责制、岗位练兵制、安全生产制、班组经济核算制。

8. 三基工作：以党支部建设为核心的基层建设，以岗位责任制为中心的基础工作，以岗位练兵为主要内容的基本功训练。

9. 四懂三会：懂设备性能、懂结构原理、懂操作要领、懂维护保养；会操作，会保养，会排除故障。

10. 五条要求：人人出手过得硬，事事做到规格化，项项工程质量全优，台台在用设备完好，处处注意勤俭节约。

11. 新时期铁人：王启民。

12. 大庆新铁人：李新民。

（二）问答

1. 简述大庆油田名称的由来。

1959 年 9 月 26 日，建国十周年大庆前夕，位于黑龙江省原肇州县大同镇附近的松基三井喷出了具有工业价值的油流，为了纪念这个大喜大庆的日子，当时黑龙江省委第一书记欧阳钦同志建议将该油田定名为大庆油田。

2. 中共中央何时批准大庆石油会战?

1960年2月13日,石油工业部以党组的名义向中共中央、国务院提出了《关于东北松辽地区石油勘探情况和今后工作部署问题的报告》,1960年2月20日中共中央正式批准大庆石油会战。

3. 什么是"两论"起家?

1960年4月10日,大庆石油会战一开始,会战领导小组就以石油工业部机关党委的名义做出了《关于学习毛泽东同志所著〈实践论〉和〈矛盾论〉的决定》,号召广大会战职工学习毛泽东同志的《实践论》、《矛盾论》和毛泽东同志的其他著作,以马列主义、毛泽东思想指导石油大会战,用辩证唯物主义的立场、观点、方法,认识油田规律,分析和解决会战中遇到的各种问题。广大职工说,我们的会战是靠"两论"起家的。

4. 什么是"两分法"前进?

1964年,《人民日报》发表了《大庆精神大庆人》长篇通讯。毛泽东同志发出了"工业学大庆"的号召。当时,又正值毛泽东同志发表了《加强相互学习,克服固步自封、骄傲自满》。石油工业部党组根据油田实际抓住时机,及时在全体职工中进行了"两分法"教育。"两分法"的主要内容是:在任何时候,对任何事情,都要运用"两分法"。成绩越好,形势越好,越要一分为二。要坚持学"两点论",反对"一点论",坚持辩证法,反对形而上学,揭矛盾,找差距,戒骄戒躁,不断前进。

5. 简述会战时期"五面红旗"及其具体事迹。

"五面红旗"喻指大庆石油会战初期涌现的五位先进榜

样：王进喜、马德仁、段兴枝、薛国邦、朱洪昌。钻井队长王进喜带领队伍人拉肩扛抬钻机，端水打井保开钻，在发生井喷的危急时刻，奋不顾身跳下泥浆池，用身体搅拌泥浆制服井喷；钻井队长马德仁在泥浆泵上水管线冻结时，不畏严寒，破冰下泥浆池，疏通上水管线；钻井队长段兴枝在吊车和拖拉机不足的情况下，利用钻机本身的动力设施，解决了钻机搬家的困难；大庆油田第一个采油队队长薛国邦自制绞车，给第一批油井清蜡，又手持蒸汽管下到油池里化开凝结的原油，保证了大庆油田首次原油外运列车顺利起程；工程队队长朱洪昌在供水管线漏水时，用手捂着漏点，忍着灼烧的疼痛，让焊工焊接裂缝，保证了供水工程提前竣工。

6. 大庆投产的第一口油井和试注成功的第一口水井各是什么？

1960年5月16日，大庆第一口油井中7－11井投产；1960年10月18日，大庆油田第一口注水井7排11井试注成功。

7. 会战时期讲的"三股气"是指什么？

对一个国家来讲，就要有民气；对一个队伍来讲，就要有士气；对一个人来讲，就要有志气。三股气结合起来，就会形成强大的力量。

8. 什么是"九热一冷"工作法？

"九热一冷"工作法是大庆石油会战中创造的一种领导工作方法，指在一旬中，九天跑基层了解情况，一天坐下来分析研究工作中的经验教训。

9. 什么是"三一"、"四到"、"五报"交接法？

对重要的生产部位要一点一点地交接、对主要的生产数据要一个一个地交接、对主要的生产工具要一件一件地交接；交接班时应该看到的要看到、应该听到的要听到、应该摸到的要摸到、应该闻到的要闻到；交接班时报检查部位、报部件名称、报生产状况、报存在的问题、报采取的措施，开好交接班会议，会议记录必须规范完整。

10. 大庆油田原油年产5000万吨以上持续稳产的时间是哪年？

1976年至2002年，大庆油田实现原油年产5000万吨以上连续27年高产稳产，创造了世界同类油田开发史上的奇迹。

11. 中国石油天然气集团公司核心经营管理理念是什么？

诚信：立诚守信，言真行实；创新：与时俱进，开拓创新；业绩：业绩至上，创造卓越；和谐：团结协作，营造和谐；安全：以人为本，安全第一。

12. 中国石油天然气集团公司企业精神是什么？

爱国：爱岗敬业，产业报国，持续发展，为增强综合国力作贡献。创业：艰苦奋斗，锐意进取，创业永恒，始终不渝地追求一流。求实：讲求科学，实事求是，"三老四严"，不断提高管理水平和科技水平。奉献：职工奉献企业，企业回报社会、回报客户、回报职工、回报投资者。

13. 新时期新阶段三基工作的基本内涵是什么？

基层建设、基础工作、基本素质。基层建设是以党建、班子建设为主要内容的基层组织和队伍建设，是企业发展的重要保障；基础工作是以质量、计量、标准化、制度、流程等为主要内容的基础性管理，是企业管理的重要着力点；基本素质是以政治素养和业务技能为主要内容的员工素质与能力，是企业综合实力的重要体现。

14. "十二五"时期,中国石油天然气集团公司全面推进三基工作新的重大工程的总体思路是什么?

以科学发展观为指导,紧紧围绕建设综合性国际能源公司战略目标,突出主题主线主旨,坚持以人为本、公平效率,坚持求真务实、与时俱进,更加注重制度的建设和执行,更加注重流程的规范和控制,更加注重管理的绩效和创新,全面提升基层建设、基础管理水平和员工基本素质,为实现集团公司可持续发展奠定坚实基础。

15. 中国石油天然气集团公司全面推进三基工作新的重大工程的主要目标是什么?

基层组织坚强有力,基础管理科学规范,基本素质整体优良,HSE业绩显著提升,发展环境和谐稳定,服务型机关建设成效显著。

二、职业道德

(一) 名词解释

1. 道德: 是调节个人与自我、他人、社会和自然界之间关系的行为规范的总和。

2. 职业道德: 同人们的职业活动紧密联系的、符合职业特点要求的道德准则、道德情操与道德品质的总和。

3. 爱岗敬业: 爱岗就是热爱自己的工作岗位,热爱自己从事的职业;敬业就是以恭敬、严肃、负责的态度对待工作,一丝不苟,兢兢业业,专心致志。

4. 诚实守信: 诚实就是真心诚意,实事求是,不虚假,不欺诈;守信就是遵守承诺,讲究信用,注重质量和信誉。

5. 劳动纪律：用人单位为形成和维持生产经营秩序，保证劳动合同得以履行，要求全体员工在集体劳动、工作、生活过程中，以及与劳动、工作紧密相关的其他过程中必须共同遵守的规则。

（二）问答

1. 社会主义精神文明建设的根本任务是什么？

适应社会主义现代化建设的需要，培育有理想、有道德、有文化、有纪律的社会主义公民，提高整个中华民族的思想道德素质和科学文化素质。

2. 我国社会主义思想道德建设的基本要求是什么？

爱祖国、爱人民、爱劳动、爱科学、爱社会主义。

3. 为什么要遵守职业道德？

职业道德是社会道德体系的重要组成部分，它一方面具有社会道德的一般作用，另一方面它又具有自身的特殊作用，具体表现在：（1）调节职业交往中从业人员内部以及从业人员与服务对象间的关系。（2）有助于维护和提高本行业的信誉。（3）促进本行业的发展。（4）有助于提高全社会的道德水平。

4. 爱岗敬业的基本要求是什么？

（1）要乐业。乐业就是从内心里热爱并热心于自己所从事的职业和岗位，把干好工作当作最快乐的事，做到其乐融融。（2）要勤业。勤业是指忠于职守，认真负责，刻苦勤奋，不懈努力。（3）要精业。精业是指对本职工作业务纯熟，精益求精，力求使自己的技能不断提高，使自己的工作成果尽善尽美，不断地有所进步、有所发明、有所创造。

5. 诚实守信的基本要求是什么?

要诚信无欺,要讲究质量,要信守合同。

6. 职业纪律的重要性是什么?

职业纪律影响到企业的形象,职业纪律关系到企业的成败,遵守职业纪律是企业选择员工的重要标准,遵守职业纪律关系到员工个人事业的成功与发展。

7. 合作的重要性是什么?

合作是企业生产经营顺利进行的内在要求,是从业人员汲取智慧和力量的重要手段,是打造优秀团队的有效途径。

8. 奉献的重要性是什么?

奉献是企业发展的保障,是从业人员履行职业责任的必由之路,有助于创造良好的工作环境,是从业人员实现职业理想的途径。

9. 奉献的基本要求是什么?

(1) 尽职尽责。要明确岗位职责,要培养职责情感,要全力以赴工作。(2) 尊重集体。以企业利益为重,正确对待个人利益,要树立职业理想。(3) 为人民服务。树立为人民服务的意识,培育为人民服务的荣誉感,提高为人民服务的本领。

10. 企业员工应具备的职业素养是什么?

诚实守信、爱岗敬业、团结互助、文明礼貌、办事公道、勤劳节俭、开拓创新。

11. 培养"四有"职工队伍的主要内容是什么?

有理想、有道德、有文化、有纪律。

12. 如何做到团结互助?

(1) 具备强烈的归属感。(2) 参与和分享。(3) 平等尊重。(4) 信任。(5) 协同合作。(6) 顾全大局。

13. 职业道德行为养成的途径和方法是什么?

(1) 在日常生活中培养。从小事做起，严格遵守行为规范；从自我做起，自觉养成良好习惯。(2) 在专业学习中训练。增强职业意识，遵守职业规范；重视技能训练，提高职业素养。(3) 在社会实践中体验。参加社会实践，培养职业道德；学做结合，知行统一。(4) 在自我修养中提高。体验生活，经常进行"内省"；学习榜样，努力做到"慎独"。(5) 在职业活动中强化。将职业道德知识内化为信念；将职业道德信念外化为行为。

14. 中国石油天然气集团公司员工职业道德规范具体内容是什么?

(1) 遵守公司经营业务所在地的法律、法规。(2) 认真践行公司精神、宗旨及核心经营管理理念。(3) 遵守公司章程，诚实守信，忠诚于公司。(4) 继承弘扬大庆精神、铁人精神和中国石油优良传统作风。(5) 认真履行岗位职责。(6) 坚持公平公正。(7) 保护公司资产并用于合法目的。(8) 禁止参与可能导致与公司有利益冲突的活动。

15. 对违纪员工的处理原则是什么?

(1) 教育为主、惩罚为辅。(2) 区别情节、分类对待。(3) 实事求是、依法处理。

16. 对员工的奖励包括哪几种?

记功、记大功，晋级，通令嘉奖，授予先进生产(工作)者、劳动模范等荣誉称号。在给予上述奖励时，可以发给一次性奖金。

17. 对员工的行政处分包括哪几种？

警告、记过、记大过、降级、撤职、留用察看、开除。在给予上述行政处分的同时，可以给予一次性罚款。

18.《中国石油天然气集团公司反违章禁令》有哪些规定？

为进一步规范员工安全行为，防止和杜绝"三违"现象，保障员工生命安全和企业生产经营的顺利进行，特制定本禁令。

一、严禁特种作业无有效操作证人员上岗操作；
二、严禁违反操作规程操作；
三、严禁无票证从事危险作业；
四、严禁脱岗、睡岗和酒后上岗；
五、严禁违反规定运输民爆物品、放射源和危险化学品；
六、严禁违章指挥、强令他人违章作业。

员工违反上述禁令，给予行政处分；造成事故的，解除劳动合同。

第二部分 基础知识

一、专业知识

(一) 名词解释

1. 复分解反应：盐与酸、盐与碱、盐与盐及中和反应，都是两种化合物交换离子、生成另外两种化合物的过程，这种反应称为复分解反应。

2. 烃类化合物：分子中只含有碳（C）和氢（H）两种元素的化合物称为烃类化合物。烃又可分为烷烃、烯烃、炔烃、芳香烃等。

3. 醇和酚：脂肪烃或芳香烃侧链的氢原子被羟基(—OH)取代后生成的产物称为醇。如果芳香环上的氢被羟基取代，则生成酚。

4. 分散钻井液：分散钻井液是指用淡水、膨润土和各种对黏土与钻屑起分散作用的处理剂（简称为分散剂）配制而成的水基钻井液。它是一类使用历史较长、配制方法较简单、配制成本较低的常用钻井液。

5. 饱和盐水钻井液：饱和盐水钻井液是指钻井液中 NaCl

含量达到饱和时的盐水钻井液体系。它可以用饱和盐水配成，也可先配成钻井液再加盐至饱和。饱和盐水钻井液主要用于钻其他水基钻井液难以对付的大段岩盐层和复杂的盐膏层，也可作为完井液和修井液使用。

6. 聚合物钻井液：聚合物钻井液是以某些具有絮凝和包被作用的高分子聚合物作为主处理剂的水基钻井液。

7. 钾基聚合物钻井液：钾基聚合物钻井液是一类以各种聚合物的钾（或铵、钙）盐和 KCl 为主处理剂的防塌钻井液。

8. 油基钻井液：油基钻井液是以水滴为分散相，油为连续相，并添加适量乳化剂、润湿剂、亲油的固体处理剂（有机土、氧化沥青等）、石灰和加重材料等所形成的乳状液体系。

9. 合成基钻井液：合成基钻井液是以合成的有机化合物作为连续相、盐水作为分散相，并含有乳化剂、降滤失剂、流型改进剂的一类新型钻井液。

10. 钻井液密度：钻井液的密度是指一定体积的钻井液质量与其体积的比值，用 ρ 表示。

11. 塑性黏度：塑性黏度是指钻井液在层流时，钻井液中的固体颗粒与固体颗粒之间、固体颗粒与液体分子之间、液体分子与液体分子之间内摩擦力的总和。

12. 表观黏度：用一定体积的钻井液流经规定尺寸的小孔所需的时间来表示，故也称为漏斗黏度。

13. 钻井液切力：钻井液切力是指静切力，其物理意义是钻井液静止时，破坏钻井液内单位面积上的网架结构所需要的剪切力，单位是 Pa。

14. 滤失：在井眼内，钻井液中的部分水分因受压差的作用而渗透到地层中，这种现象称为滤失。

15. 静滤失：钻井液在井内静止条件下的滤失作用称为静滤失。

16. 动滤失：钻井液在井内循环条件下，即滤饼的形成和破坏达到动态平衡时的滤失作用称为动滤失。

17. 瞬时滤失：在钻井过程中，地层被钻开，滤饼在未形成之前，钻井液中的大量水分在短时间内迅速渗入地层，这种情况下的滤失作用称为瞬时滤失。

18. 滤失量：钻井液在常温及一定压差（油压滤失仪的压力为 0.098MPa，API 标准为 $100lbf/in^2 \approx 0.689MPa$）作用下，30min 内，透过直径为 75mm 的过滤面积所滤失的水量称为滤失量，又称为钻井液的滤失。

19. 高温高压滤失：钻井液在高温（API 标准 $300°F \approx 150°C$）、高压（API 标准为 $500lbf/in^2 \approx 3.5MPa$）作用下，30min 内，透过直径为 75mm（由于高温高压滤失测定仪过滤面积只有低温低压滤失仪的一半，因此，API 标准规定将 30min 的滤失量乘以 2 才是 HTHP 滤失量）的过滤面积所滤失的水量称为高温高压滤失量，习惯称高温高压滤失，用"HTHP"表示，单位是"mL"。

20. 滤饼：因液柱与地层的压差作用，在滤失的同时，黏土颗粒在井壁上形成一层黏土与处理剂的堆积物，此堆积物称为滤饼。

21. 滤饼的摩擦系数：钻井液形成的滤饼表面上有一定的黏滞性，当一物体在其表面产生相对运动时，会受到一定的摩擦阻力，这个摩擦阻力称为滤饼的摩擦系数。

22. 钻井液含砂量：钻井液含砂量是指钻井液中不能通过 200 目筛子（即边长为 $74\mu m$）的砂粒，也可说成直径大于 0.074mm 的砂粒占钻井液总体积的百分数，用"N"表示。

23. 钻井液酸碱值（pH 值）：钻井液的酸碱值代表钻井液含酸碱的程度，即钻井液中的氢离子（H^+）或氢氧根离子（OH^-）的浓度，用"pH"表示，又称为 pH 值。

24. 钻井液中的固相含量：钻井液中的固相含量是指钻井液中除液体以外的全部固体占钻井液总体积的百分数，如 0.7% 或 8%。

25. 总矿化度：总矿化度是指钻井液中所含水溶性无机盐的总质量浓度。

26. 聚合反应：由一种或几种单体聚合生成高分子化合物的反应称为聚合反应。

27. 加聚反应：由不饱和的低分子化合物相互加成或由环状化合物开环相互连接而成的反应称为加聚反应。

28. 缩聚反应：缩聚反应是指由相同或不同的低分子化合物缩合成高分子化合物的反应。

29. 分散体系：一种或几种物质分散成微小的质点而分布于另一种物质中，这类体系称为分散体系。

30. 分散质及分散剂：被分散的物质称为分散质；分散其他物质的介质称为分散介质，又称为分散剂。

31. 分散度：分散度是某一相分散程度的量度，通常用分散相颗粒（或液滴）平均直径或长度的倒数来表示。

32. 比表面：比表面是物质分散度的另一种量度，其数值等于全部分散相颗粒的总面积与总质量（或总体积）的比值。

33. 溶胶：一种或几种物质以直径为 $10^{-9} \sim 10^{-7}\text{m}$ 的颗粒范围分散在另一种互不相溶的分散介质中形成的比较均匀、比较稳定的多相分散体系，称为溶胶。

34. 电泳：在外加电场作用下，带电的胶体粒子在分散介质中向与其本身电性相反的电极移动，这种现象称为电泳。

35. 电渗：在外加电场作用下，液体在固体的带电荷的表面做相对运动，固体可以是毛细管或多孔滤板，这种现象称为电渗。

36. 流动电位：如果不加外电场，而是用机械力促使两相间发生相对位移，由于正、负电荷分布不均，两相间就会产生电位，这种电位称为流动电位。

37. 乳状液：乳状液是指一种液体分散于另一种与其不相混溶的液体中所形成的两相分散体系。

38. 沉降稳定性：沉降稳定性（或动力稳定性）是指在重力作用下，分散相颗粒是否容易下沉的性质。

39. 聚结稳定性：聚结稳定性是指分散相颗粒是否容易自动聚结变大的性质。

40. 动切力：动切力表示钻井液在层流流动时形成结构的能力，又称为屈服值，单位是 Pa。

41. 触变性：钻井液的触变性是指搅拌后钻井液变稀（切力降低），静止后又变稠（切力升高）的特性。

42. 表面活性剂：表面活性剂是指用很少量就能吸附于物质的界面，显著改变界面性质的有机化合物。

43. 表面活性剂的胶束：当活性剂在相内达到一定浓度时，它就会自相结合形成同类基吸附在一起的聚结体，称为胶束。

44. 表面活性剂的 HLB 值：反映表面活性剂亲水能力和亲油能力相对强弱的标度，称为亲水亲油平衡值，也称 HLB 值。

45. 聚合物钻井液：用聚合物作为主处理剂或主要用聚合物调控性能的钻井液体系称为聚合物钻井液。

46. 胶体溶液：是分散相（相当于溶质）以颗粒、粒珠或气泡形式分散在分散介质（相当于溶剂）之中，分散相与分散介质之间有明显的界面,为多相不稳定体系。

47. 溶解度:把在一定温度下100g水中溶解某物质的质量,称为该物质的溶解度。

48. 砂侵:主要是由于黏土中原来含有的砂子和钻屑中的砂子侵入钻井液,而地面净化系统没有全部消除所致。

49. 油、气侵:当钻穿高压油、气层时,油和气侵入到钻井液中,造成钻井液相对密度下降,黏度上升,这就是常说的油、气侵。

50. 造浆率:黏土的造浆率是指1t干黏土能够配制黏度为26mPa·s土浆的体积(m^3)数。造浆率越高,黏土的水化分散性越好。

51. 表面张力:一般来说,物质相界面(如液—液、液—固、固—固、液—气等)之间的张力统称为界面张力,而特把液—气相界面之间的张力称为表面张力。

52. 正电胶钻井液体系:正电胶钻井液体系是以正电胶为主处理剂的水基钻井液,也称为MMH正电胶钻井液。

53. 有用固相:指维持和调节钻井液性能所必需的固相,如膨润土、重晶石和一些固相处理剂。

54. 有害固相:除有用固相以外的其他固相,如钻屑、劣质土和砂粒等。

55. 桥联作用:当一个聚合物高分子同时吸附在几个颗粒上,而一个颗粒又可同时吸附几个高分子时,就会形成网络结构,聚合物的这种作用称为桥联作用。

56. 包被作用:当高分子链吸附在一个颗粒上,并将其覆盖包裹时,称为包被作用。

57. 增黏作用:加入钻井液能够起增黏作用的物质,称为增黏剂。

58. 絮凝作用：当聚合物在钻井液中主要发生桥联吸附时，能将一些细颗粒聚结在一起形成粒子团，这种作用称为絮凝作用。

59. 阳离子聚合物钻井液：是以大相对分子质量的阳离子聚合物（简称大阳离子）作包被絮凝剂，以小相对分子质量的有机阳离子（简称小阳离子）作泥页岩抑制剂，并配合降滤失剂、增黏剂、降黏剂、封堵剂和润滑剂等处理剂配制而成。

60. 两性离子聚合物钻井液：以两性离子聚合物为主处理剂配制的钻井液称为两性离子聚合物钻井液。

61. 充气钻井液：是以气体为分散相、液体为连续相，并加入稳定剂使之成为气液混合且稳定的体系，用来进行钻井作业。

62. 全油基钻井液：是以柴油为分散介质、以氧化沥青作为分散相配制而成的特种钻井液，其中水和黏土是无用组分，故不含（或含量很少）水和黏土。

63. 油包水乳化钻井液：是以油作为连续相（外相），以水分散成稳定的不连续的细小水滴作为不连续相（又称分散相或内相），并添加适量的添加剂（如乳化剂、润湿剂、亲油胶体和加重剂等）形成一个稳定的乳状液体系，这个体系称油包水乳化钻井液。

64. 沉砂卡钻：由于钻井液悬浮性能不好，其中所悬浮的钻屑或重晶石沉淀埋住井底一段井眼而造成的卡钻。

65. 井塌卡钻：在钻进过程中突然发生井塌而造成的卡钻。

66. 砂桥卡钻：由于井壁不稳定或洗井效果不好，使井径不规则而造成的卡钻。

67. 掉块卡钻：井内掉入较大的岩块，不能顺利地通过环形空间而在较小井眼处卡住所造成的卡钻。

68. 钻头泥包卡钻：在上提钻具的过程中，因钻头泥包而遇阻所造成的卡钻。

69. 滴定分析法：使用滴定管将一种已知准确浓度的试剂溶液即标准溶液，滴加到待测物的溶液中，直到待测组分恰好完全反应（这时加入标准溶液的物质的量与待测组分的物质的量符合反应式的化学计量关系），然后根据标准溶液的浓度和所消耗的体积，算出待测组分的含量，这一类分析方法统称为滴定分析法。

70. "屏蔽"式"暂堵"技术：在钻井液中加入一定量的暂堵剂和变形粒子，在近井壁形成较致密的内外滤饼，阻止滤液渗入到储层深部，由于是暂时性的堵塞，所形成的渗透率极低的污染带犹如一个阻止钻井液、水泥浆进一步污染油层的屏蔽带，故将此项技术称为改性钻井液的"屏蔽"式"暂堵"技术。

71. MMH 正电溶胶：溶胶是指颗粒直径小于或等于 $1\mu m$ 的固体粒子的稳定体系，是物质的一种特殊状态。若胶粒带正电荷，称为正电溶胶。MMH 是指由两种以上的金属离子组成的层状氢氧化物。MMH 正电溶胶就是由 MMH 的粒径小于或等于 $1\mu m$ 的带正电粒子的体系。

72. 油气层的损害：任何阻碍流体从井眼周围流入井底的现象均称为对油气层的损害。

73. 盐敏评价实验：测定当注入液体的矿化度逐渐降低时岩石渗透率的变化，从而确定导致渗透率明显下降时的临界矿化度（CC）。

74. 碱敏评价实验：是确定临界 pH 值 以及由碱敏引起的

油气层损害的程度。

75. 酸敏评价实验：是通过模拟酸液进入地层的过程，用不同酸液测定酸化前后渗透率的变化，从而判断油气层是否存在酸敏性并确定酸敏的程度。

76. 水敏性损害：当进入油气层的工作液与油气层中的水敏性矿物不配伍时，会使水敏性矿物发生水化膨胀和分散，从而导致油气层的渗透率降低。

77. 碱敏性损害：当高 pH 值的工作液进入储层后，将促进储层中黏土矿物的水化膨胀与分散，并使硅质胶结物结构破坏，促进微粒的释放，从而造成堵塞损害。

78. 酸敏性损害：由于酸化作用的酸液与油气层岩石不配伍而导致油气层渗透率下降。

79. 压缩性：是指在温度不变的条件下，流体在压力作用下体积缩小的性质。

80. 膨胀性：是指在压力不变的条件下，流体温度升高时，其体积增大的性质。在实际计算中一般不考虑液体的膨胀性。

81. 钻井液班报表：是指记录钻井作业班钻井液性能及维护处理情况等的报表。

82. 钻井液液柱压力：是指由钻井液柱的重力引起的压力，其大小与钻井液密度和液柱垂直高度有关。

83. 钻井液（钻井流体）：是指用于钻井作业的循环流体。

（二）问答

1. 钻井液的组成有哪几部分？

钻井液是由液相、固相和化学药剂组成。

2. 钻井液的作用是什么？

（1）携带和悬浮钻屑。

(2) 稳定井壁。
(3) 冷却和冲洗钻头，清理井底岩屑。
(4) 防止喷、漏、塌、卡等井下复杂情况。
(5) 保护油气层。
(6) 有利于获得良好的砂样、岩心和测井资料。

3. 钻井液体系经历了哪五个发展阶段？

(1) 天然钻井液体系。
(2) 细分散钻井液体系。
(3) 粗分散钻井液体系。
(4) 不分散低固相钻井液体系。
(5) 无固相钻井液体系。

4. 影响钻井液黏度的基本因素是什么？

(1) 黏土含量。
(2) 土粒的分散度。
(3) 土粒的聚结稳定状况或聚凝强度。
(4) 高分子处理剂的性质、相对分子质量和浓度。

5. 钠膨润土的用途是什么？

(1) 用作配浆材料。
(2) 用来降低钻井液的滤失量。
(3) 用来提高钻井液的黏度和切力。
(4) 用作暂堵剂的组分。

6. 有机处理剂的主要作用有哪些？

(1) 稀释作用。
(2) 降滤失作用。
(3) 絮凝作用。
(4) 增稠作用。

(5) 润滑作用。
(6) 乳化作用等。

7. 要保持钻井液低固相必须解决哪些问题?

(1) 使钻头破碎的岩屑和黏土在从井底带到地面的过程中不水化分散。

(2) 使岩屑尽快从井底返至地面,并迅速从钻井液中除去。

(3) 使钻井液中保持适当数量的胶体颗粒。

8. 不分散聚合物钻井液体系的适用范围有哪些?

(1) 地层比较稳定、压力正常。

(2) 井深小于3500m,井底温度低于150℃。

(3) 更适用于非加重钻井液。

(4) 固控设备齐全,使用良好。

9. 不分散聚合物钻井液体系的主要特点是什么?

(1) 密度低,压差小,钻速快。

(2) 亚微米颗粒的含量低于10%,而分散钻井液中亚微米颗粒可达70%。

(3) 高剪切速率下的黏度低、钻速快。

(4) 触变性好,剪切稀释性较强,具有较强的携砂能力。

(5) 用高聚物做主处理剂,具有较强的包被作用,可保持井眼的稳定性。

(6) 可实现近平衡钻井,且黏土含量低,滤液对产层所含黏土矿物有抑制膨胀作用,可保护油气层。

10. 钾基钻井液的主要特点是什么?

(1) 对水敏性泥岩、页岩具有较好的防塌效果。

(2) 抑制泥岩造浆的能力较强。

(3) 钻井液细颗粒的含量较低,且可对油层中的黏土矿物起稳定作用。

（4）分散型钾基钻井液有较高的固相容量限。

11. KCl 的主要用途有哪些？

（1）KCl 主要提供 K^+ 来抑制泥页岩的水化膨胀，改变钻井液性能。

（2）K^+ 具有低的水化能力，稳定井壁，减少油层损害。

12. 饱和盐水钻井液体系的特点是什么？

（1）具有较好的抑制性。

（2）具有较好的抗无机盐污染的能力。

（3）对含水敏性黏土的页岩有抑制水化剥落作用，因而有一定的防塌能力。

（4）可抑制岩盐溶解，避免造成大肚子井眼。

13. 饱和盐水钻井液体系的适用范围有哪些？

主要用于厚岩盐层钻井和复杂盐膏层钻井。

14. 分散钻井液体系的特点是什么？

（1）可容纳较多的固相，适合配制高密度钻井液，密度可达 $2.0g/cm^3$ 以上。

（2）滤饼质量高，致密而坚韧，护壁性好，HTHP 滤失量及初滤失量均较低。

（3）耐温能力较强，抗温达 200℃。

（4）亚微米颗粒浓度达 70% 以上，对钻速有影响。

（5）分散性强，抑制性差，不适宜钻造浆地层。

（6）保护油气层能力差，钻油气层时必须加以改造。

15. 分散钻井液体系的应用范围有哪些？

（1）超过 4500m 的深井，井底温度达 160~200℃。

（2）适用于配制各种密度的钻井液。

（3）可用于异常压力地层。

（4）不适宜打开油气层、纯盐膏层及井塌严重的地层。

16. 钙处理钻井液体系的特点是什么?

（1）由于二价钙离子抑制黏土分散，可大大缓解造浆地层对钻井液性能的影响。

（2）对外界的敏感性比淡水钻井液低。

（3）有一定的抗钙污染能力。

（4）可容纳较高的固相，并有一定的防塌能力。

17. 钙处理钻井液体系的应用范围有哪些?

（1）用于井深为 3000m 左右的井。

（2）石膏及 $CaCl_2$ 钻井液可钻纯石膏层。

（3）适用于中等造浆程度的浅地层。

（4）可加重到较高密度，能钻高压地层。

18. 盐水钻井液体系的特点是什么?

（1）抗盐、钙、镁离子的能力较强。

（2）抑制能力强，造浆速度慢，可保持较低的固相。

（3）滤液性质接近地层水，对油气层有一定的保护作用。

19. 使用盐水钻井液体系对其有何要求?

（1）使用抗盐黏土或预水化膨润土。

（2）使用抗盐、钙、镁能力较强的处理剂。

（3）根据腐蚀源加入相应的防腐剂。

20. 如何衡量钻井液的流变特征?

通过剪切速率、剪切应力、触变性、表观黏度或视黏度，以及黏性和黏弹性来衡量钻井液的流变特征。

21. 钻井液的四种基本流型是什么?

牛顿流型、塑性流型、假塑性流型和膨胀流型。

22. 如何调节油包水乳化钻井液的性能?

(1) 提黏:增加水量或有机土、氧化沥青的数量。

(2) 降黏:增加油量及使用防止胶凝的表面活性剂。

(3) 降滤失量:使用有机土、氧化沥青等物质在油中分散为亲油胶体。

(4) 提密度:加有机土至切力达到一定数值后,再加重晶石粉或其他亲油的加重物质。

23. 油包水钻井液的主要特点是什么?

(1) 有很强的耐温能力。

(2) 具有较好的保护油层、减轻损害的效能。

(3) 有特高的抗盐膏侵污效能。

(4) 成本较高,对测井有影响,对环境会产生污染。

24. 油包水乳化钻井液的组成有几部分?

(1) 油相:如植物油、动物油、矿物油等。

(2) 水相:如淡水、盐水、海水等。

(3) 乳化剂:如常用脂肪酸皂类、酰胺类、石油磺酸盐等。

(4) 油中可分散胶体:如有机膨润土、氧化沥青等。

(5) 其他添加剂:如氧化剂、加重剂等。

25. 油基钻井液体系的主要特点是什么?

(1) 外相为油,耐温性可达200℃。

(2) 具有较好的保护油气层、减轻损害的效能。

(3) 由于无机盐及黏土不能溶解,所以有特高的抗盐侵、钙侵的能力。

(4) 成本较高,影响测井,对环境有污染。

26. 油基钻井液体系的适应范围有哪些?

(1) 用于高温(200℃以上)超深井的钻井。

(2) 用于极易坍塌层、膏泥混杂层、易卡层、软泥岩层等极复杂地层的钻井。

(3) 用于大斜度定向井及水平井的钻井。

(4) 保护油气层井时使用。

27. 为保护各类油气藏,可采用哪几种水基钻井液完井液?

(1) 无固相聚合物盐水钻井液完井液。

(2) 无膨润土钻井液完井液。

(3) 低膨润土聚合物钻井液完井液。

(4) 水包油钻井液完井液。

(5) 改性钻井液完井液。

28. 油基钻井液体系分为几种?

油基钻井液体系分为油包水乳化钻井液和油钻井液(或称油基钻井液)。

29. 油基钻井液的缺点是什么?

(1) 初始成本高。

(2) 配制和使用工艺要求严格,劳动条件差。

(3) 容易损坏循环设备中的橡胶件。

(4) 容易着火。

(5) 观察油气显示及地质录井比较困难。

30. 油基钻井液的用途是什么?

(1) 应用于钻井和完井工程。

(2) 取心钻井。

(3) 钻进油层。

(4) 钻进复杂地层。

(5) 钻深井、定向井等。

31. 油基钻井液的组成有几部分?

(1) 分散介质：一般用柴油。
(2) 分散相：常用软化沥青。
(3) 稳定剂：常用硬脂酸钠皂。
(4) 热稳定剂：常用石灰粉。
(5) 加重剂：常用重晶石。

32. 石灰粉在油基钻井液中的作用是什么?

(1) 使部分钠皂变成钙皂。
(2) 提高结构强度。
(3) 增大钻井液的热稳定性。
(4) 吸收油基钻井液的水分。
(5) 减少含水量。

33. 泡沫钻井液的分类是什么?

泡沫钻井液主要分为两种：
(1) 硬胶泡沫，即由气体、黏土、稳定剂和发泡剂配成的稳定性比较强的分散体系。
(2) 稳定泡沫，即由空气（气体）、液体、发泡剂和稳定剂配成的分散体系。

34. 泡沫钻井液的作用及特点是什么?

(1) 在低压地层中，可以实现负压钻井，有利于保护油气层。
(2) 对岩心、岩屑污染轻，有利于分析地层。
(3) 机械钻速快，钻头使用寿命长。
(4) 可在易漏地层钻进。
(5) 易于在缺水或永冻地区钻进。

35. 泡沫钻井液的性能包括哪些内容?

（1）泡沫质量。

（2）泡沫的悬浮性和携砂能力。

（3）泡沫的滤失性能。

（4）泡沫的腐蚀性。

（5）发泡剂的毒性。

（6）泡沫的稳定性。

36. 影响泡沫滤失性能的因素有哪些?

（1）渗透率：当岩样渗透率增加两个数量级时，滤失系数增加一个数量级。

（2）黏度：液相黏度增加，滤失系数明显下降。

（3）泡沫中的增稠剂有造壁性，对滤失性有一定影响，尤其是泡沫质量及压差等一些参数发生变化时，影响更明显。

（4）温度：温度增加，滤失性缓慢增加。

37. 对充气钻井液的性能有哪些要求?

（1）密度范围：$0.6 \sim 1.0 \text{g/cm}^3$，其抗温能力可达到所钻井深的温度。

（2）充气钻井液基液要有较好的稳定性、较低的滤失量、较低的切力，易充气脱气，均匀稳定。

（3）良好的携岩能力和流变参数，合适的 n 值，施工顺利，电测一次成功。

38. 气体钻井流体的主要特点是什么?

（1）环空返速及洗井和携屑能力是油和水的10倍。

（2）液柱压力低。

（3）对各种无机盐类有较好的适应性，污染轻，性能变化小。

(4) 能安全地对付废水、天然气及地层水。
(5) 岩屑清晰,便于分析。
(6) 能较好地保护产层,减轻损害。

39. 气体钻井流体的使用范围有哪些?

(1) 用作各类油气储集层的完井液。
(2) 用于低压易漏地层钻井。
(3) 用于低压层修井。
(4) 作为油气层的增产措施。
(5) 不能用于高压层及水层。

40. 渗透性漏失的处理方法有几种?

(1) 起钻静止。
(2) 提高钻井液黏度、切力,加入纤维类堵漏物质。
(3) 在有大量钻井液补充的情况下,快速钻穿漏失层。
(4) 在保证不喷的情况下,采用低密度、低排量和低泵压,减少冲刷。
(5) 采取平衡穿漏的钻井液工艺。

41. 井漏的原因是什么?

(1) 天然地质条件形成的漏失。
(2) 钻井液性能不合适造成井漏。
(3) 钻井工艺不当引起井漏。

42. 井漏发生后有哪些现象?

(1) 正常循环情况下,钻井液由井口返出量减少;严重时,有进无出,钻井液池液面下降,甚至很快抽干而中断循环。
(2) 有时会发生钻速突然变快或钻具突然放空。
(3) 泵压明显下降。

43. 如何预防井塌?

(1) 对地质方面的原因造成的井塌可以提高钻井液密度,以更高的液柱压力平衡地层侧压力。

(2) 对钻井工艺方面的原因引起的井塌,应注意在钻井工艺和操作上加以改进。

(3) 抑制泥页岩水化,使用防塌钻井液。

44. 井塌的处理方法有几种?

(1) 提高钻井液的黏度、切力、密度,降低滤失量。

(2) 井塌严重、塌块尺寸很大时,可加大钻头水眼,用高泵压、大排量洗井,将塌块带出,可换用防塌钻井液。

45. 影响泥页岩水化的主要因素有哪些?

泥页岩的性质、钻井滤液的性质、浸泡时间的长短。

46. 泥包卡钻的现象是什么?

(1) 钻头在井底转动不灵活,有蹩跳现象,进尺减少。

(2) 下放或下放转动可以,上提不行,上提转动困难。

(3) 泵压升高或憋泵,不能正常循环钻井液。

47. 沉砂卡钻的现象是什么?

(1) 钻具上提遇卡,下放遇阻,不能转动。

(2) 泵压升高,甚至憋泵,循环困难。

48. 泥包卡钻的处理方法是什么?

(1) 接方钻杆开泵循环,下放转动钻具,以甩掉泥包。

(2) 适当降低钻井液黏度、切力,大排量冲洗解卡。

49. 粘附卡钻的处理方法是什么?

(1) 适当猛提猛放,强行转动钻具。

(2) 泡解卡剂解卡。

(3)倒扣套铣。

50. 造成粘附卡钻的原因有哪些?

(1)钻进中方位角发生变化,产生井斜或在定向井中,钻具因重力作用躺在井壁上与井壁保持很大的接触面积。

(2)在渗透性地层中滤失量大,滤饼厚而松、粘附力强,钻具在井内静止时间较长就被井眼内液柱压力与地层压力差紧紧压在井壁上,造成粘附卡钻。

51. 易粘卡地层对钻井液的要求有哪些?

(1)降低压差。

(2)固相含量尽可能低,无用固相低于6%。

(3)选择有效的润滑剂。

(4)备有一定数量的解卡剂、一旦发生粘卡,及时浸泡解卡。

52. 定向井钻井液应具备的特点是什么?

定向井钻井液要有优质、稳定的性能和润滑防塌的特性。

53. 高难度定向井施工中钻井液需解决几个问题?

(1)钻井液的抑制性。

(2)钻井液的润滑性。

(3)钻井液的携岩洗井。

(4)井眼倾斜段和钻井液的流变性。

54. 定向井钻井液解决携岩洗井应采取的哪些措施?

(1)大排量、高返速洗井,ϕ311mm 井眼采用双泵 45~50L/s 排量;ϕ216mm 井眼采用单泵,排量在 28L/s 以上。

(2)使钻井液有较高的黏度和切力,并利用提高屈服值的方法增大岩屑输送比。

(3)用钻柱旋转和短起下钻的措施破坏岩屑沉积使钻井

液进入，将岩屑带出地面。

55. 超深井石膏、氯化钙钻井液体系的特点是什么？

（1）防塌能力强。

（2）抗钙能力强。

56. 超深井油包水乳化钻井液体系的特点是什么？

（1）不损害油层，润滑性好。

（2）防塌能力强，抗盐、抗钙能力强。

（3）易于处理，不易失火。

57. 用聚丙烯酰胺 PAM 聚合物配制的无黏土相钻井液有哪几种类型？

（1）偏硅酸钠、铵盐与 PAM 配制的无黏土钻井液。

（2）加重的 PAM 无黏土钻井液。

（3）PAM、硫酸铝为主的无黏土相钻井液。

（4）硅酸钠、铵盐、PAM 配制的无黏土相钻井液。

（5）中和硫化氢的 PAM 无黏土钻井液。

58. 以无机物或碱剂为基础的水基无黏土相钻井液主要有哪几种？

（1）以氢氧化铁为基础的无黏土相钻井液。

（2）以氢氧化镁为基础的无黏土相钻井液。

（3）以氢氧化锌为基础的无黏土相钻井液。

（4）各种膏状凝胶和盐凝胶稀释而成的无黏土相钻井液。

（5）无黏土硅酸盐钻井液。

59. 不分散低固相钻井液的优点有哪些？

（1）钻井液密度普遍低，钻井速度普遍提高，完井周期大为缩短。

（2）具有剪切稀释功能，携带岩屑能力强，洗井效果好，并且固相含量低,对泥页岩和黏土具有抑制水化和分散的作用。因此可以保持井壁稳定、井径规则、井内畅通、井下情况正常,并可防止钻井液黏土侵。

(3) 具有良好的润滑性能,减少粘附卡钻事故,延长钻头使用时间,减轻设备磨损。

(4) 具有堵漏效果。

(5) 用量少,效果好,总成本有所下降。

(6) 由于固相含量低,并有抑制泥页岩水化膨胀的作用,故对油气层损害较轻,对油层渗透率影响较小。

60. 有机处理剂的主要作用是什么?

(1) 稀释作用。

(2) 降滤失作用。

(3) 絮凝作用。

(4) 增稠作用。

(5) 润滑作用。

(6) 乳化作用等。

61. 深井钻井液处理剂应具备的特点是什么?

(1) 热稳定性好。

(2) 亲水性强。

(3) 有较强的吸附基。

62. MMH 钻井液最主要的特性是什么?

答:固液双重性。

63. 清除固体有四种方法是什么?

(1) 清水稀释。

(2) 换部分钻井液。

(3) 大池子沉淀。

(4) 机械设备除砂。

64. 黏度计的注浆量是多少？流满量杯是多少毫升？用清水校正时是多少秒？

注浆量1500mL；流满量杯数是946mL，用清水校正时是26s。

65. 深井钻井液应具备的条件是什么？

(1) 深井钻井液必须具有很好的抗高温性能和抗污染能力。

(2) 具有抑制页岩水化，防止地层膨胀、剥落、坍塌的能力。

(3) 具有平衡高压油气层、润滑、防卡、防漏、携带和悬浮能力。

(4) 具有流动性好、稳定性强等特点。

66. 对于水敏性储层的特点及应选择怎样的钻井液体系？

(1) 水敏性储层含有较多的水敏性黏土矿物，易吸水膨胀或部分堵塞油层通道，降低渗透率而造成损害。

(2) 应采用油基钻井液或气体钻井液，也可用有较强抑制性的钾基钻井液，以及加有黏土稳定剂的钻井液。

67. 对酸敏性储层应选择怎样的钻井液体系？

(1) 酸敏性储层含有较多遇酸生成沉淀的矿物。

(2) 不能使用酸溶性的处理剂或加重剂，最好使用加有油溶性树脂的钻井液或油基钻井液。

68. 打开油气层对钻井液的要求是什么？

(1) 提前调整好性能，尽可能减轻对油气层的损害。

(2) 钻井液密度造成的压力尽量接近地层孔隙压力。

(3) 钻井液中亚微米颗粒的含量尽量低。

（4）使用酸溶性或油溶性材料。

（5）钻井液滤液的活度与地层水的活度接近。

（6）最好加有黏土稳定剂。

69. 外界流体进入油气层引起的损害是什么？

（1）流体中固相颗粒堵塞油气层造成的损害。

（2）外来流体与岩石不配伍造成的损害。

（3）外来流体与地层流体不配伍造成的损害。

（4）外来流体进入油气层影响油水分布造成的损害。

70. 钻井过程中保护油层的一般做法是什么？

（1）降低钻井液的滤失量，调整钻井液滤液水型与油层原生水相配伍，以减少化学沉淀的堵塞。

（2）降低钻井液超细微粒的含量，避免固相进入油层。

（3）采用近平衡钻井减少井底压差。

（4）采用与地层配伍的钻井液体系，减少井下事故，提高钻井速度，缩短浸泡时间。

71. 减少膨润土对油气层的损害有哪些预防措施？

（1）在满足造壁性、降滤失性、流变性、高温稳定性的前提下，减小膨润土加入量，必要时加以清除。

（2）维持较低的pH值，控制稀释剂的加量。

（3）补充膨润土时，应加入优质，水化好的膨润土浆。

72. 减少滤液对油气层的损害应采取哪些预防措施？

（1）利用平衡压力钻井，控制合理压差。

（2）利用暂堵技术。

（3）缩短油气层浸泡时间。

（4）钻开深部油气层，应选用抗高温处理剂，组配抗高温钻井液体系。

73. 在钻开油气层的过程中,可能发生哪几种形式的堵塞?

(1) 来自钻井完井液的某些粒级的固相粒子,堵塞油层孔喉通道。

(2) 钻井完井液滤液侵入储层与岩石矿物、地层水、油等作用,产生新的固相粒子,堵塞孔喉通道。

(3) 钻井完井液在储层形成吸附堵塞。

(4) 在压差作用下,长时间内大量滤液侵入,使近井带孔喉中含水饱和度增加,降低油相的渗透率形成伤害。

74. 保护储层钻井液处理剂的主要特征是什么?

(1) 良好的黏土稳定性。

(2) 良好的溶解性。

(3) 良好的配伍性。

(4) 良好的造壁性。

(5) 岩心渗透率恢复值高。

75. 钻井液密度太高对钻井施工有什么影响?

(1) 使钻速减慢。

(2) 容易引起压差卡钻。

(3) 有时会把地层压漏。

(4) 上提或下放钻具摩擦阻力增大。

(5) 流动性差,导致泵压增高。

76. 钻井液含砂量太大对钻井施工有什么影响?

(1) 容易刺坏钻井泵液力端配件,缩短阀座、阀体、活塞、缸套及密封填料等零部件的寿命。

(2) 容易刺坏井下钻具和钻头水眼。

(3) 容易刺坏地面高压管线及组装阀门的弯头。

(4) 井内钻井液静止时间太长,会沉淀形成砂桥,导致下钻遇阻或遇卡。

(5) 如果在循环罐内静止时间较长,同样会发生沉淀,清理循环罐要花费大量劳动力,是一项艰苦的工作。

(6) 直接影响钻井液密度的稳定。

77. 如果钻井液密度偏高,如何降低钻井液密度,哪种办法较好?

主要有两种办法:一是加水配钻井液药品。二是用离心机。用离心机降密度效果较好,只降密度不影响其他性能;用加水的方法降密度较快,但影响其他性能,因此还要配加一些其他药品。

78. 钻井液的性能主要有哪几种?

钻井液的主要性能有密度、黏度、屈服值、静切力、失水量、滤饼厚度、含砂量、酸碱度,以及固相、油水含量。

79. 常用的钻井液净化设备有哪些?

(1) 振动筛,作用是清除大于筛孔尺寸的砂粒。(2) 旋流分离器,作用是清除小于振动筛筛孔尺寸的颗粒。(3) 螺杆式离心分离机,作用是回收重晶石、分离黏土颗粒。(4) 筛筒式离心分离机,作用是回收重晶石。

80. 存放钻井液药品要注意哪"五防"?

(1) 防潮湿;(2) 防火;(3) 防日晒;(4) 防冻;(5) 防中毒。

81. 钻井液材料按用途分为哪几类?

(1) 黏土类。(2) 加重剂。(3) 降滤失剂。(4) 降黏剂。(5) 页岩抑制剂。(6) 絮凝剂。(7) 润滑剂。(8) 暂堵剂。(9) 携砂剂。(10) 堵漏剂。(11) 碱度调节剂。(12) 除钙剂。

二、HSE 知识

(一) 名词解释

1. 触电：电流通过人体与大地或其他导体形成回路。

2. 静电：电流通过人体与大地或其他导体形成回路。由于物体与物体之间的紧密接触、分离或者相互摩擦，发生电荷转移，破坏物体原子中的正负电荷的平衡而产生的电。

3. 静电事故：是在工艺过程中或人们活动中产生的，相对静止的正电荷和负电荷形式的能量造成的事故。

4. 跨步电压触电：是指电气设备绝缘损坏或当输电线路一根导线断线接地时，在导线周围的地面上，由于两脚之间的电位差所形成的触电。

5. 保护接零：在正常情况下，将电气设备不带电的导电部分与低压配电网的零线连接起来，防止漏电发生触电事故。

6. 保护接地：在正常情况下，将电气设备不带电的导电部分与接地体连接起来，防止漏电发生触电事故。

7. 闪燃：在一定温度下，易燃、可燃液体表面上的蒸气和空气的混合气体与火焰接触时，能闪出火花，但随即熄灭，这种瞬间燃烧的过程称为闪燃。

8. 自燃：可燃物质在没有外部明火焰等火源的作用下，因受热或自身发热并蓄热所产生的自行燃烧的现象。

9. 着火：可燃物受外界火源直接作用而开始的持续燃烧。

10. 爆燃：可燃物质（气体、雾滴和粉尘）与空气或氧气的混合物由火源点燃，火焰立即从火源处以不断扩大的同心球，自动扩展到混合物存在的全部空间，这种以热传导方式自动在空间传播的燃烧现象称为爆燃。

11. 火灾：是指在时间或空间上失去控制的燃烧造成的灾害。

12. 冷却法：是指将灭火剂直接喷射到燃烧物上，以降低燃烧物温度于燃点之下，使燃烧停止的灭火方法。

13. 窒息法：用于降低氧浓度来灭火的方法。

14. 隔离法：关闭有关阀门，且切断流向火区的可燃气体和液体通道的灭火方法。

15. 高空作业：凡是在坠落高度基准面2m（含2m）以上，有可能坠落的高处作业称为高空作业。

16. 危险化学品：危险化学品是指具有易燃、易爆、有毒、腐蚀、放射性等危险特性，在生产、储存、运输、使用和废弃物处置过程中极易造成人身伤亡、财产损失、污染环境的化学品。

17. 噪声：物体的复杂振动由许许多多频率组成，而各频率之间彼此不成简单的整数比，这样的声音听起来就不悦耳也不和谐，还会使人烦躁。这种频率和强度都不同的各种声音的杂乱组合而产生的声音称为噪声。

18. 固体废物：指在生产、活动和服务过程中产生污染环境的，且在一定条件下无法利用而被废弃的固态、半固态废弃物以及液态废物和置于容器中的气态废物。固体废物分为工业固体废物、生活垃圾、危险废弃物。

19. 锁定：使设备实施与驱动动力完全分开的过程称为锁定。

20. 清洁生产：将整体预防的环境战略持续应用于生产过程、产品和服务中，以期提高资源利用效率并减少或消除环境污染和生态破坏。

(二) 问答

1. 为什么静电能将可燃物引燃？

因为可燃性气体及蒸汽与空气混合的最小引燃能量为 0.009mJ，可燃性气体与氧气混合的最小引燃能量为 0.0002～0.0027mJ，粉尘的最小引燃能量为 5～60mJ，通常静电放出的电火花能量，完全能使可燃物引燃。

2. 怎样预防静电事故的发生？

（1）易产生静电的设备、设施及装置必须做好接地工作。

（2）增强环境的湿度，降低其温度，尽量减少环境中易燃易爆粉尘或气体的浓度。

（3）改进生产工艺，使静电中和或不产生静电。

3. 人体发生触电的原因是什么？

在电路中，人体的一部分接触相线，另一部分接触其他导体，就会发生触电。触电的原因如下：

（1）违规操作。

（2）绝缘性能差漏电，接地保护失灵，设备外壳带电。

（3）工作环境过于潮湿，未采取预防触电措施。

（4）接触断落的架空输电线或地下电缆漏电。

4. 如何使触电者脱离电源？

（1）尽快断开与触电者有关的电源开关。

（2）用相应的绝缘物使触电者脱离电源。

（3）现场可采用短路法使断路器跳闸或用绝缘杆挑开导线。

（4）脱离电源时要防止触电者摔伤。

5. 预防触电事故的措施有哪些？

（1）采用安全电压；

（2）保证绝缘性能；

（3）采用屏护；

（4）保持安全距离；

（5）合理选用电气设备；

（6）装设漏电保护器；

（7）保护接地与接零等。

6. 触电急救有哪些原则？

进行触电急救，应坚持迅速、就地、准确、坚持的原则。

7. 触电急救要点是什么？

（1）迅速切断电源。

（2）若无法立即切断电源时，用绝缘物品使触电者脱离电源。

（3）保持呼吸道畅通。

（4）立即拨打"120"急救电话，请求救治。

（5）如呼吸、心跳停止，应立即进行心肺复苏。

（6）妥善处理局部电烧伤的伤口。

8. 安全用电注意事项有哪些？

（1）手潮湿（有水或出汗）不能接触带电设备和电源线。

（2）各种电气设备，如电动机、启动器、变压器等金属外壳必须有接地线。

（3）电路开关一定要安装在火线上。

（4）在接、换熔断时，应切断电源。熔断要根据电路中的电流大小选用，不能用其他金属代替熔断。

（5）正确地选用电线，根据电流的大小确定导线的规格及型号。

（6）人体不要直接与通电设备接触，应用装有绝缘柄的工具（绝缘手柄的夹钳等）操作电气设备。

（7）电气设备发生火灾时，应立即切断电源，并用二氧化碳灭火器灭火，切不可用水或泡沫灭火器灭火。

（8）高大建筑物必须安装避雷器，如发现温度过高，绝缘下降时，应及时查明原因，消除故障。

（9）发现架空电线破断、落地时，人员要离开电线地点8m以外，要有专人看守，并迅速组织抢修。

9. 燃烧分为哪几类？

燃烧按形成的条件和瞬间发生的特点，分为闪燃、着火、自燃、爆燃四种。

10. 燃烧必须具备哪几个条件？

燃烧必须具备三个条件：

（1）要有可燃物，如木材、纸张、棉纱、汽油、煤油、润滑油。

（2）要有助燃物，即空气中的氧或纯氧。

（3）要达到着火的温度，即达到物质的燃点。着火的三要素必须同时存在，缺少一个也不能燃烧。

11. 油气站库常用的消防器材有哪些？

有灭火器、消防桶、消防锹、消防砂、消防镐、消防钩、消防斧等。

12. 目前油田常用的灭火器有哪些？

目前油田常用的灭火器有泡沫灭火器、二氧化碳灭火器、干粉灭火器等。

13. 手提式干粉灭火器如何使用？适用哪些火灾的扑救？

（1）使用方法：首先拔掉保险销，然后一手将拉环拉起或压下压把，另一只手握住喷管，对准火源。（2）适用范围：

扑救液体火灾、带电设备火灾和遇水燃烧等物品的火灾，特别适用于扑救气体火灾。

14. 使用干粉灭火器的注意事项有哪些？

（1）要注意风向和风势，确保人员安全。

（2）操作时要保持竖直不能横置或倒置，否则易导致不能将灭火剂喷出。

15. 如何报火警？

一旦失火，要立即报警，报警越早，损失越小，打电话时，一定要沉着。首先要记清火警电话"119"，接通电话后，要向接警中心讲清失火单位的名称地址、什么东西着火、火势大小，以及火的范围。同时还要注意听清对方提出的问题，以便正确回答。随后，把自己的电话号码和姓名告诉对方，以便联系。打完电话后，要立即派人到交叉路口等待消防车的到来，以利于引导消防车迅速赶到火灾现场。还要迅速组织人员疏散消防通道，消除障碍物，使消防车到达火场后能立即进入最佳位置灭火救援。

16. 发生火灾时应采取哪些措施？

（1）稳定情绪，争取时间，尽快脱离现场。

（2）选择通道果断脱离。如果楼梯已经起火但火势不很猛烈时，可披上用水浸湿的衣服或被单由楼上快速冲下。如果楼梯火势很猛烈而不能强行通过时，可以利用绳子或把床单撕成布条连接成绳子，将一端拴在牢固的地方，再顺着绳子从窗户滑下。逃离时千万不要乘电梯，以防电路断掉后被困在电梯中。

（3）争取时间，等待救援。

17. 化验室发生火灾的应急措施有哪些？

（1）立即切断电源，如果在化验室不能操作，应及时回到值班室切断电源。

（2）移开易燃物。

（3）使用二氧化碳灭火器灭火，如火势较大难以控制时，立即拨打"119"火警电话。

（4）汇报值班干部。

（5）打开所有消防通道，迎接消防车。

（6）灭火后，认真分析火灾原因，做好记录。

18. 油、气、电着火应如何处理？

（1）切断油、气、电源，放掉容器内压力，隔离或搬走易燃物。

（2）刚起火或小面积着火，在人身安全得到保证的情况下要迅速灭火，可用灭火器、湿毛毡、棉衣等灭火，若不能及时灭火，要控制火势，阻止火势向油、气方向蔓延。

（3）大面积着火或火势较猛，应立即报火警。

（4）油池着火，勿用水灭火。

（5）电器着火，在没切断电源时，只能用二氧化碳、干粉等灭火器灭火。

19. 为什么要使用防爆电气设备？

有石油蒸气的场所，电气设备发生短路、碰壳接地、触头分离等情况，会产生电火花，可能引起石油蒸气爆炸，因此，在有石油蒸气的场所，必须使用防爆型电气设备。

20. 哪些场所应使用防爆电气设备？

在输送、装卸、装罐、倒装易燃液体的作业场所应使用防爆电气设备；在传输、装卸、装罐，倒装可燃气体的作业场所应使用封闭式电气设备。例如，在石油蒸气聚集较多的轻油泵房、轻油罐桶间等场所，所使用的电动机、启动器、开关、漏电保护器、接线盒、插座、按钮、电铃、照明灯具等,都必须是防爆电气设备。

21. 防爆有哪些措施?

在爆炸条件成熟以前采取下述措施防爆:

(1) 加强通风,降低形成爆炸混合物的浓度,降低危险等级。

(2) 合理配备现代化防爆设备。

(3) 采取科学仪器,从多方面监测爆炸条件的形成和发展,以便及时报警。

22. 哪些伤害必须就地抢救?

触电、中毒、淹溺、中暑、失血。

23. 外伤急救步骤是什么?

止血、包扎、固定、送医院。

24. 有害气体中毒急救措施有哪些?

(1) 气体中毒开始时有流泪、眼痛、呛咳、眼部干燥等症状,应引起警惕,稍重时头昏、气促、胸闷、眩晕,严重时会引起惊厥昏迷。

(2) 怀疑可能存在有害气体时,应立即将人员撤离现场,转移到通风良好处休息,抢救人员进入险区必须佩戴正压式空气呼吸器。

(3) 已昏迷病员应保持气道通畅,有条件时给予氧气呼入,呼吸心搏骤停者,按心肺复苏法抢救,并联系急救部门或医院。

(4) 迅速查明有害气体的名称,供医院及早对症治疗。

25. 烧烫伤急救要点是什么?

(1) 迅速熄灭身体上的火焰,减轻烧伤。

(2) 用冷水冲洗、冷敷或浸泡肢体，降低皮肤温度。

(3) 用干净纱布或被单覆盖和包裹烧伤创面，切忌在烧伤处涂各种药水和药膏。

(4) 可给烧伤伤员口服自制烧伤饮料（糖盐水），切忌给烧伤伤员喝白开水。

(5) 搬运烧伤伤员，动作要轻柔、平稳，尽量不要拖拉、滚动，以免加重皮肤损伤。

26. 如何判定触电伤员呼吸、心跳？

触电伤员如意识丧失，应在10s内，用看、听、试的方法，判定伤员呼吸心跳情况。

(1) 看：看伤员的胸部、腹部有无起伏动作；

(2) 听：用耳贴近伤员的口鼻处，听有无呼气声音；

(3) 试：试测口鼻有无呼气的气流。再用两手指轻试一侧（左或右）喉结旁凹陷处的颈动脉有无搏动。

若看、听、试的结果，既无呼吸又无颈动脉搏动，可判定呼吸心跳停止。

27. 如何进行口对口（鼻）人工呼吸？

在保持伤员气道通畅的同时救护人员用放在伤员额上的手的手指捏住伤员鼻翼，救护人员深吸气后，与伤员口对口紧合，在不漏气的情况下，先连续大口吹气两次，每次1~1.5s。如两次吹气后试测颈动脉仍无搏动，可判断心跳已经停止，要立即同时进行胸外按压。除开始时大口吹气两次外，正常口对口（鼻）呼吸的吹气量不需过大，以免引起胃膨胀，吹气和放松时要注意伤员胸部应有起伏的呼吸动作。触电伤员如牙关紧闭，可口对鼻人工呼吸。口对鼻人工呼吸吹气时，要将伤员嘴唇紧闭，防止漏气。

28. 如何对伤员进行胸外按压?

(1) 救护人员右手的食指和中指沿触电伤员的右侧肋弓下缘向上,找到肋骨和胸骨接合处的中点。

(2) 两手指并齐,中指放在切迹中点(剑突底部),食指平放在胸骨下部。

(3) 另一只手的掌根紧挨食指上缘,置于胸骨上,找准正确按压位置。

(4) 救护人员的两肩位于伤员胸骨正上方,两臂伸直,肘关节固定不屈,两手掌根相叠,手指翘起,不接触伤员胸壁。

(5) 以髋关节为支点,利用上身的重力,垂直将正常人胸骨压陷 3~5cm(儿童和瘦弱者酌减)。

(6) 压至要求程度后,立即全部放松,但放松时救护人员的掌根不得离开胸壁。按压必须有效,有效的标志是按压过程中可以触及颈动脉搏动。

29. 心肺复苏法操作频率有什么规定?

(1) 胸外按压要以均匀速度进行,每分钟 80 次左右,每次按压和放松的时间相等。

(2) 胸外按压与口对口(鼻)人工呼吸同时进行,其节奏为:单人抢救时,每按压 15 次后吹气 2 次(15:2),反复进行;双人抢救时,每按压 5 次后由另一人吹气 1 次(5:1),反复进行。

30. 处理卡钻时为什么不能用土坑将原油与钻井液混合?

用土坑将原油与钻井液混合这种做法造成的浪费极为严重,混在土中的原油不易被清理干净,会造成污染,不利于井场复耕。

31. 流血不止怎么办？

（1）四肢或手指出血，应该马上用一块干净的纱布或较宽的干净布条将伤口紧紧地包扎住，如有条件，最好在伤口上撒一些云南白药再包扎。

（2）如果是鼻子出血，可以把头仰起，用手指紧压住出血一侧的鼻根部，一直到不出血为止。如果有干净棉球，可以把棉球塞进鼻孔里压迫止血。另外，可以用冷水浇在后脑部，这样会使血管收缩，从而达到止血的目的。

32. 消防演习都有哪些程序？

（1）钻台发出消防演习警报。

（2）所有人员都到上风口的集合地点集合；钻台上司钻和内钳坚守岗位。

（3）到集合地点集合后，将起火地点提示给带班队长，带班队长为消防队队长，统一指挥消防演习。

（4）机房司机立即到井场大门口，阻止任何人员和车辆入井场。

（5）电工到配电房等候指令。

（6）外钳工负责检查消防泵以及倒阀门，完毕后向带班队长汇报。

（7）副司钻、井架工、场地工负责向指定的地点铺设消防水龙带，副司钻同时负责阀门的开启。

（8）副井架工、机房司机手提灭火机跑向指定地点，并模拟灭火状态。

（9）水龙带铺伸完毕接好水枪后，带班队长下令启动消防水泵。

（10）进行灭火。

（11）灭火完毕，带班队长向甲方汇报，并向钻台示意，两声短笛表示演习结束。

（12）消防队员将消防器材归位。

33. 硫化氢对人体危害的生理过程是怎样的？

（1）硫化氢通过口腔、呼吸道、肺部，进入血液及全身各器官。

（2）刺激呼吸道，使嗅觉钝化、咳嗽、灼伤。

（3）眼睛被刺痛，严重时失明。

（4）刺激神经系统，导致头晕，丧失平衡，呼吸困难。

（5）心跳加速，严重时缺氧而死。

34. 一般化学品烧伤的处理方法？

（1）在水龙头下冲洗伤处，直至医务人员到场。

（2）小心除去沾有化学物品的衣物。

（3）处理其他损伤，如止血。

（4）速送医院。

35. 钻井生产会产生哪些噪声？

机械噪声、作业噪声、事故噪声、机加工噪声。

36. 钻井产生的固体废物主要有哪些？

钻井产生的固体废物主要有钻屑、废钻井液、散失的钻井液材料（重晶石、膨润土粉、堵漏剂）、水泥废浆、废弃包装材料、防冻保温废料及废棉纱等。

37. 废钻井液回收利用的方法有哪些？

（1）利用脱水装置脱水并回收。

（2）焚烧法处理并回收废钻井液中的有用成分。

（3）喷雾干燥法回收废钻井液的有效成分。

（4）再循环使用。

38. 心肺复苏有效的特征是什么?

(1) 脸色转红。

(2) 瞳孔收缩到正常大小。

(3) 恢复可知的呼吸及有血液循环表征。

(4) 有知觉、反应呻吟等。

第三部分 基本技能

1. 测量钻井液密度的操作

准备工作：

(1) 正确穿戴劳动保护用品。

(2) 设备、工用具、材料准备：密度计1台，1000mL液杯1个，清水、铅粒和待测定钻井液若干。

操作程序：

(1) 校正仪器。将清水注满洁净的液杯中，缓慢盖好杯盖，使多余的清水从杯盖小孔中溢出，用干燥棉纱擦干仪器上的水分。把秤杆上的刀口慢慢放在支架支点上，游动砝码左边缘对准秤杆刻度 $1.00g/cm^3$ 处，此时水平泡居中，否则应调节秤杆末端的固定质量砝码丝盖，按需加减铅粒使水平泡居中。

(2) 待测钻井液测量前必须充分搅拌，力求均匀，保证测得的数据准确。若钻井液面有气泡，要排除后再进行测量。

(3) 测量。将待测定的钻井液充分搅拌后，注满干燥、洁净的液杯，慢慢旋转盖好杯盖，使多余的钻井液从杯盖小孔中溢出，用手指压住盖孔，清洗擦干液杯外及秤杆上的钻井液。把秤杆刀口慢慢放在支架支点上，游动砝码，直至平衡。在游动砝码的左边缘，读取钻井液的密度值，记录。

（4）清洗。测量结束后，将钻井液倒回容器内，对所使用的所有仪器进行清洗，并要擦干净，放回原处、摆放整齐。

2. 测定钻井液漏斗黏度的操作

准备工作：

（1）正确穿戴劳动保护用品。

（2）设备、工用具、材料准备：马氏漏斗黏度计1套，2000mL 液杯1个，秒表1个，清水和待测定钻井液若干。

操作程序：

（1）将漏斗垂直悬挂在支架上，并把量杯置于导管口正下方。

（2）测量前，必须对仪器进行校正，马氏漏斗流出946mL 清水的时间为（26±0.5）s。若误差大于0.5s 则表示导流管不畅通，可用软毛刷、布条等清洗干净；误差小于0.5s，则须更换新漏斗。

（3）测量前，对待测钻井液要充分进行搅拌后。测定的钻井液必须通过筛网。注入漏斗的钻井液量的标准刚好达到筛网面，以免影响测定值。

（4）用左手中指堵住导管口，将搅拌好的钻井液通过筛网注入漏斗，直到钻井液面刚好到达筛网面。

（5）右手启动秒表，同时左手松开导流管口，流满

946mL量杯时,用左手堵住导流管口,同时关停秒表。

(6)将漏斗剩余钻井液收回液杯,读秒表数值,以秒为单位即所测钻井液黏度。

(7)测量完毕,将仪器擦洗干净,摆放整齐。

3. 测定钻井液滤失量操作

准备工作:

(1)正确穿戴劳动保护用品。

(2)设备、工用具、材料准备:中压滤失仪1台,1000液杯1个,10mL量筒1个,0~20cm(0刻度开始)钢板尺1把,计时秒表1个,滤纸和待测定钻井液若干。

操作程序:

(1)将台架平稳放在工作台面上,将调压手柄逆时针方向慢旋至自由位置,顺时针方向旋紧放气阀杆。

(2)取出滤失仪液杯用手指堵住液杯小孔,将充分搅拌后的钻井液注入液杯内刻度线处(钻井液杯注入量不宜过多或过少,按标准注入240mL左右),装入O形密封圈、滤纸,盖好杯盖,旋紧后将液杯输气头装入阀体输出端,旋转90°卡紧,将量筒置于液杯小孔正下方。

(3)给滤失仪气筒打压至0.8~1.0MPa。此时,气筒气体进入滤失仪减压阀高压室,顺时针方向慢旋滤失仪调压手柄,将滤失仪压力表调整指示在0.5~0.6MPa之间。

(4)逆时针方向慢旋放气阀杆,注意观察滤失仪压力表指针,待压力表指针产生的波动稳定后,顺时针方向慢旋调压手柄,使滤失仪压力保持0.7MPa。待第一滴液体流出时,启动秒表记录时间。

(5)待滤失时间达7.5min时,取下量筒,先用量筒内壁回收液杯小孔未滴下的滤液。再逆时针方向慢旋调压手柄至自由位置，读取数值乘以2，即所测滤失量，记录。

（6）顺时针方向旋紧放气阀杆，排出液杯内余气。取下液杯，打开杯盖，取出滤纸，用清水轻轻冲洗浮饼。用钢板尺量取滤饼厚度乘以2，即所测滤饼厚度，记录。

（7）顺时针方向旋转滤失仪调压阀，逆时针方向旋转放气阀杆，将高压室内余气排出。再将调节阀手柄逆时针方向旋转至自由状态。

（8）测量完毕，滤液待用测定 pH 值，将其他仪器部件擦洗干净，摆放整齐。

4. 测定钻井液含砂量操作

准备工作：

（1）正确穿戴劳动保护用品。

（2）设备、工用具、材料准备：钻井液含砂量测定仪1套，1000mL 液杯1个，待测定钻井液若干。

操作程序：

（1）取搅拌均匀的钻井液，注入玻璃量筒至钻井液的刻度线，加水稀释至刻度线，然后用拇指堵住管口用力摇匀。

（2）取出过滤筒，将稀释好的钻井液倒入过滤筒进行过滤，同时用清水冲洗量筒中的所有物质一块过滤。

（3）叩击筛筒边缘以促使注入的钻井液通过筛网，如残留砂子不清洁，用清水反复冲洗，直到冲洗干净为止。

（4）冲洗好后，将小漏斗套在过滤筒上端，慢慢倒置，将漏斗下端插入玻璃量筒内，再从筛网背面用适量清水将砂子冲到量筒内，垂直静放。

(5) 待砂子完全沉淀后，记取刻度管里砂子沉积量，此值便是钻井液的含砂体积分数。

(6) 测量完毕，将仪器擦洗干净，摆放整齐。

(7) 测量油基钻井液含砂量时，用轻质油代替水。

操作安全提示：

当心玻璃仪器损坏时伤人。

5. 测定电阻率的操作

准备工作：

(1) 正确穿戴劳动保护用品。

(2) 设备、工用具、材料准备：电阻率测量仪1台，10mL吸管1个，温度传感器1个，毛刷1个，电源线1套，待测定钻井液若干。

操作程序：

(1) 将电阻池用待测液体冲洗几次，排空电阻池，吸取待测液体，要求电阻池待测液体内无气泡，擦净电阻池表面。

(2) 将电阻池座在电极轴上，并保持接触良好。然后将温度传感器探头完全插入电阻池的测温孔内。

(3) 接通电源，按下"功能"键三次，进入"自检"界面，自检完成后，再按一次"测试"键，即可进入测量状态。测量时，两次开关电源时间间隔不小于1min，必须检查电阻池待测液体内无气泡。

(4) 显示器显示被测液体的温度与电阻率值R_s，记录。传感器与电阻池接触3min后，读取显示数值。

(5) 将实际测试温度下的电阻率数据转换为标准温度下的电阻率时，应按下"功能"键，这时显示为18℃标准温度，再按"转换"键。显示窗口上栏为实际温度下的电阻率；下栏为标准温度下的电阻率。

（6）光线暗时，可按下"显示灯"键。

（7）测量完毕，切断电源，洗电阻池，将仪器归位。每次测量完之后，电阻池必须用清水清洗干净，以免影响下次测量。

操作安全提示：

当心触电。

6. 测定钻井液固相含量的操作

准备工作：

（1）正确穿戴劳动保护用品。

（2）设备、工用具、材料准备：钻井液固相测定仪1台，百分含量刻度量筒1个，量程100g天平1台，刮刀、环架各1套，1000mL液杯1个，消泡剂、破乳剂和待测定钻井液若干。

操作程序：

（1）将搅拌好的钻井液注入拆开的蒸馏器液杯内，盖上计量盖，擦掉由计量盖小孔中溢出的钻井液，取出计量杯盖，将黏附在杯盖底面上的钻井液刮回到液杯中，此时液杯中的钻井液为 (20 ± 0.01) mL。

（2）加入2~3滴消泡剂，取套筒拧紧在液杯上，最后将加热棒装入套筒内拧紧。

（3）将蒸馏器导流管插入冷凝器的小孔中，再将玻璃量筒卡置在冷凝器引流管下方，以接取冷凝后的油和水。

（4）将导线的母接头插在加热棒上端的插头上，接通电源，通电3~5min后，从第一滴蒸液流出开始计时，直至全部蒸干大约20~30min,无液滴流出,切断电源。

(5) 用杯架套住蒸馏器上端部分,握住电线,取下蒸馏器,可用水冷却,但电线接头及加棒与套筒的连接处不能接触到水。

(6) 待冷却后拨出电线接头,卸开蒸馏器,用刮刀刮净液杯内、加热棒上及套筒内的固相成分,全部回收完后称取质量。

(7) 取出百分含量刻度量筒,直接读取油和水的百分含量。若油和水液面分层不清,可加入2~3滴破乳剂以改善液面清晰度。

(8) 计算:
$$V_{油} = 刻度量筒总读数 - V_{水}$$
$$V_{固} = 1 - V_{油} - V_{水}$$

式中 $V_{油}$——油的体积分数,%;
  $V_{水}$——水的体积分数,%;
  $V_{固}$——固相的体积分数,%。

(9) 测量完毕,将仪器擦洗干净,归位,摆放整齐。

操作安全提示:

(1) 当心触电。

(2) 避免烫伤。

7. 操作六速旋转黏度计

准备工作:

(1) 正确穿戴劳动保护用品。

(2) 设备、工用具、材料准备:六速旋转黏度计1台、秒表1个、1000mL液杯1个、待测定钻井液若干。

操作程序:

(1) 将仪器置于平稳的工作台面上,接通电源,调试好仪器（仪器调整主要是通过观察孔指针是否与刻度盘"0"位相对）。

（2）将搅拌好的钻井液倒入液杯内至刻度线处，放置在仪器的样品杯托架上，调节高度使钻井液的液面正好在转筒的测量线处，固定托架。（试样必须是经振动筛的钻井液。）

（3）将黏度计的转速调至600r/min，待读值稳定后读取并记录。

（4）按同样方法读取并记录300r/min、200r/min、100r/min、6r/min、3r/min的读值。

（5）在600r/min的转速下搅拌10s，静止10s后，读取并记录3r/min下最大值；再在600r/min转速下搅拌10s，静置10min后，读取并记录3r/min下最大读值。

（6）测完后关闭电源。

（7）松开托架，移开量杯。

（8）测试完毕，将仪器洗净擦干，摆放整齐。

（9）计算：

$$AV = \phi 600 / 2$$
$$PV = \phi 600 - \phi 300$$
$$YP = (\phi 300 - PV) / 2$$
$$G_{10s} = \phi 3_{10s} / 2$$
$$G_{10min} = \phi 3_{10min} / 2$$

式中　$\phi 600$——600r/min下的读值；

$\phi 300$——300r/min下的读值；

$\phi 3_{10s}$——静止10s后，3r/min下的最大读值；

$\phi 3_{10min}$——静止10min后，3r/min下的最大读值；

AV——表观黏度，mPa·s；

PV——塑性黏度，mPa·s；

YP——动切力，Pa；

G_{10s}、G_{10min}——初切、终切，Pa。

例如：$\phi600/\phi300 = 1.43$，查 n 值表中所对应的数值 0.52，即得 n 值（n 为流变指数，无量纲）。

例如：用求得的 $n = 0.52$ 查 K 值表中所对应的数值为 0.193 再乘以 $\phi300$ 读数除以 10，即得 K 值（K 为稠度系数，单位为 $Pa·s^n$）。

操作安全提示：

当心触电。

8. 测定黏滞系数的操作

准备工作：

(1) 正确穿戴劳动保护用品。

(2) 设备、工用具、材料准备：黏滞系数测定仪1台、API标准所测滤饼若干。

操作程序：

(1) 接通电源，开启电源开关。开启电动机开关，检查各转动部位是否运转正常，正常后将工作滑板转至接近水平位置，关停电动机待用。

(2) 按下清零按钮使数字管全部显示零位。调整调平手柄，观察水平泡，将工作滑板调至水平。

(3) 将滤饼放在工作滑板板面中心位置。

(4) 将滑棒或滑块放在滤饼上，静置1min。

(5) 开启电动机开关，工作滑板慢慢翻转，当滑棒或滑块开始滑动时,立即关闭电动机开关。读取角度显示窗的角度值。

(6)按角度值查对应的正切函数值,即该滤饼的摩擦系数。

操作安全提示:

工作滑板慢慢翻转时,精力要集中,关停电动机开关要及时。

9. 测定钻井液中膨润土含量操作

准备工作:

(1)正确穿戴劳动保护用品。

(2)设备、工用具、材料准备:50mL 滴定管 1 个,250mL 锥形瓶 1 个,2.5mL 或 3mL 注射器 1 个,0.5mL 或 1mL 微型移液管 1 个,50mL 量筒 1 个,1000W 电炉 1 个,搅拌棒 1 个,0.01mol/L 亚甲基蓝溶液、3%过氧化氢溶液、2.5mol/L 稀硫酸溶液和滤纸若干。

操作程序:

(1)在已加有 10mL 水的锥形瓶中加入 2.0mL 钻井液样品。

(2)加入 15mL 过氧化氢溶液和 0.5mL 硫酸溶液。缓慢煮沸 10min,但不能煮干,用水稀释至 50mL。

(3)以每次 0.5mL 的量将亚甲基蓝溶液滴入到锥形瓶中,并旋摇 30s。在固体悬浮的状态下,用搅拌棒取一滴液体滴在滤纸上,当染料在染色固体周围显出蓝色环时,即已达到滴定终点。

(4)当蓝色环从斑点向外扩展时,再旋摇锥形瓶 2min,再取一滴液体滴在滤纸上,如果蓝色色环仍然是明显的,则已达到终点。如果色环不出现,则继续上述步骤,直至摇2min后取一滴液体滴在滤纸上而显出蓝色环为止。

(5) 计算。

吸蓝量计算公式为:

$$MBC = V_1/V_2$$

式中 V_1——滴定时所用亚甲基蓝溶液体积,mL;

V_2——钻井液体积,mL。

钻井液中膨润土含量的计算公式为:

$$C_b = 1000MBC/70$$

式中 C_b——钻井液中膨润土含量,g/L。

操作安全提示:

(1) 用电炉加热时为"微沸",不要将钻井液蒸干了,避免烫伤。

(2) 加热后用水稀释时要不停摇晃锥形瓶,避免局部冷却造成玻璃容器炸裂。

(3) 当心化学药品烧烫伤。

10. 测定钻井液高温高压(HT/HP)滤失量操作

准备工作:

(1) 正确穿戴劳动保护用品。

(2) 设备、工用具、材料准备:HT/HP滤失仪1套,多孔圆盘若干,量程达260℃(500℉)的温度计1只,时间间隔为30min的计时器1个,高速搅拌器1台,25mL或50mL量筒1个,待测钻井液和滤纸若干。

操作程序:

(1) 将温度计插入加热套温度计插孔中,并将加热套预热至比所需温度高约6℃(10℉)。调节恒温开关以保持所需温度。

(2) 用高速搅拌器搅拌钻井液样品 10min，关紧底部阀杆，将钻井液倒入钻井液杯中。考虑到样品的膨胀，要注意使液面距顶部至少 1.5cm（0.6in）。放好合适的过滤介质。

(3) 安装好钻井液杯并关紧底部和顶部阀杆，将其放入加热套内。将加热套中的温度计移到钻井液杯上的插孔中。

(4) 将高压滤液接收器连接到底部阀杆上，并在适当位置锁定。

(5) 将可调节的压力源连接到顶部阀杆和接收器上，并在适当位置锁定。

(6) 在保持顶部和底部阀杆关紧的情况下，分别调节顶部和底部压力调节器至 690kPa（100psi）。打开顶部阀杆，将 690kPa（100psi）压力施加到钻井液上。维持此压力直至温度达到所需要并恒定为止。钻井液杯中的样品加热总时间不应超过 1h。

(7) 当样品温度达到所选定的温度后，将顶部压力增加到 4140kPa（600psi），并打开底部阀杆开始测量滤失量。在保持选定温度 ±3℃（±5 ℉）范围内，收集滤液 30min。如果在测定过程中回压超过 690kPa（100psi），则小心地从滤液接收器中放出部分滤液以降低压力。记录滤液的总体积、温度、压力和时间。

(8) 钻井液滤液体积应校正为 $45.8cm^2$（$7.1in^2$）过滤面积时的体积。如果过滤面积为 $22.6cm^2$（$3.5in^2$），则将滤液体积加倍后记录。

(9) 实验结束后关紧钻井液杯顶部和底部阀杆,并从压力调节器放掉压力。

注:钻井液杯内仍有约 4140kPa(600psi)压力。在拆开钻井液之前,应保持其向上,并冷却至室温。拆开之前,要放掉杯内压力。

(10) 首先要确定底部和顶部阀杆关闭且全部压力已从压力调节器中放掉后,从加热套中取出钻井液杯。将钻井液杯直立,打开阀门,放掉杯内压力,而后打开钻井液杯,倒掉钻井液,取出滤饼,用缓慢的水流冲洗滤纸上的滤饼,要特别小心保护滤纸。

(11) 测量并记录滤饼的厚度,精确至毫米。

操作安全提示:

(1) 拆卸压滤器时先要多旋转几次阀杆,确保压滤器内无压力,并且要侧身操作,不要正对着脸。

(2) 当心高温烫伤。

(3) 当心压缩空气伤害。

责任编辑：李 丰 吴 莺 谭玉杰
责任校对：廉存芳
封面设计：  鹏中天设计

ISBN 978-7-5021-9779-7

定价：10.00元